世界自然遗产地——施秉白云岩喀斯特地质与生物多样性系列丛书

世 界 自 然 遗 产 地

施秉白云岩喀斯特药用及食用植物图集
Atlas of Edible and Medicinal Plants in Shibing Dolomite Karst Area

汤晓辛 乙引 张潮 著

科学出版社
北 京

内 容 简 介

本书共收集施秉云台山地区食用及药用植物114科、303属、472种，并简述了各种植物的形态特征、生境特点、地理分布及主要用途。每一种植物都有全株及分类学特征图片1~3张，共计图片500多张。本书是目前施秉云台山地区第一本食用及药用植物识别图谱，对施秉云台山地区食用及药用植物资源的认识、开发利用以及生态研究有重要参考价值。

本书可供植物学、药用植物学、旅游学、生态学等专业的高等院校师生和科研机构人员以及生态旅游爱好者阅读；也可供政府部门、自然保护管理部门工作者参考。

图书在版编目(CIP)数据

施秉白云岩喀斯特药用及食用植物图集 / 汤晓辛，乙引，张潮著. —北京：科学出版社，2015.9

（世界自然遗产地——施秉白云岩喀斯特地质与生物多样性系列丛书）

ISBN 978-7-03-045850-6

Ⅰ.①施… Ⅱ.①汤… ②乙… ③张… Ⅲ.①白云岩—药用植物—施秉县—图集 ②白云岩—食用植物—施秉县—图集 Ⅳ.①R282.71-64 ②Q949.9-64

中国版本图书馆CIP数据核字（2015）第230358号

责任编辑：罗 莉 / 责任校对：邓利娜
责任印制：余少力 / 封面设计：四川胜翔

科学出版社 出版
北京东黄城根北街16号
邮政编码：100717
http://www.sciencep.com

四川煤田地质制图印刷厂印刷
科学出版社发行 各地新华书店经销

*

2015年9月第 一 版　　开本：889×1194 1/16
2015年9月第一次印刷　　印张：15 1/2
字数：401千字

定价：228.00元

丛书编委会

主　编：乙　引　汤晓辛　张　潮

副主编：（按姓氏笔画排序）

　　　　王　云　陈国胜　唐　明　秦水介　廖　飞

编　委：（按姓氏笔画排序）

　　　　乙　引　万晴姣　王　云　汤晓辛　吴正强　张　潮
　　　　张习敏　张宇斌　李彦勋　李振基　李欲珂　杨卫诚
　　　　陈国胜　陈忠婷　洪　鲲　唐　明　唐　婧　徐海峰
　　　　商传禹　龚记熠　彭　涛

丛 书 序

人类自诞生之日起，就不断地追问："我是谁？""我从哪里来？""我要到哪里去？"人类是自然的产物，又从自然之中发现其中的美与价值，并赋予其人类的情感。世界自然遗产是人类发现的、自然赐予的宝贵财富，不仅展现了造化的鬼斧神工，也见证了地球演化的历史进程。之所以设置自然遗产，正因人类有这样一种情结，希冀通过探索地球遗留的产物，从亿万年的地球和生物演化中，寻找那属于人类远去的记忆，进而发现生命之真谛。

但凡列入世界自然遗产名录的对象，都具有其独特的、突出的、普遍的和不可替代的科学或美学价值及其保护价值。"中国南方喀斯特"是在中国具有连片集中分布的世界自然遗产。造物主以岩石为材料，用风、水为刀具，雕刻出这雄、奇、秀、险的艺术品。无论用何华丽的辞藻，也难以描述这神奇莫测的景观；无论多么丰富的想象，也难以变幻这鬼斧神工的手法。

因地域广阔，地质地貌发育复杂，"中国南方喀斯特"采取分批申报的策略。第一批包括2007年收录的云南石林（剑状、柱状和塔状）喀斯特，贵州荔波（锥状）喀斯特，重庆武隆（以天生桥、地缝、天坑群等为代表的立体）喀斯特。第二批包括2014年增补的贵州施秉云台山（白云岩）喀斯特，广西桂林（峰林）喀斯特、广西环江（锥状峰丛）喀斯特、重庆金佛山（台原）喀斯特。

施秉云台山典型而完整的白云岩喀斯特地貌，具有无与伦比的美景，最醒目的景观主体是锥状峰丛峡谷及塔状峰林喀斯特。白云岩顺节理崩塌，在流水的切割下，形成了形态各异的峰丛、峰林、峰柱、刃状山、方山、峰柱和深切河谷。

与景观同样奇妙的是施秉云台山独特的生物多样性。罗汉松、三尖杉、香果树等古老植物在此栖息；黄杉、穗花杉、南方红豆杉、黄山松等孑遗植物以面积广、分布集中、原生性强，成为喀斯特顶级森林群落的优势树种，为世界罕见的奇观。而珍稀濒危物种数量大，森林植被类型丰富，动物群落类型多样，也构成了靓丽的风景线。

是谁造就了如此独特的生物多样性？是良好的环境成为物种得以延续的"诺亚方舟"，还是险峻的山势阻挡了那些贪婪的脚步？或是当地少数民族文化蕴含了人与自然和谐相处的理念？然而，这一切还都是未解之谜，等着你我来共同破解。

本套丛书是带有科普性质的专业书籍，能够让专业和非专业人士一窥云台山的神奇、秀美和韵味。丛书汇集了多个领域专家学者多年的心血，包括地质地理、藻类、苔藓、蕨类、种子植物、兰科植物、动物、生态系统等内容，但与云台山独特的地理环境和生物多样性相比，仍然是沧海一粟。希望丛书能引起更多人关注、了解、认识、发现世界自然遗产的独特魅力。相信未来会有更多人自发行动起来，共同亲近自然，保护自然，体悟自然，与自然和谐相处，从中寻找地球和人类演化的痕迹，解决生命之谜。

丛书编委会
2015年9月

前　言

施秉云台山位于贵州省黔东南州（108°01′36.80″~108°10′52.06″E，27°13′52.02″~27°04′51.53″N）。云台山是苗岭国家地质公园的主园区，总面积28295km^2，经数亿年的演化，形成了以锥状峰丛峡谷和塔状峰林喀斯特为主的独特景观，是世界上同类喀斯特保存最为完整的地区。施秉地区植被类型多样，森林茂密，生物种类繁多，是亚热带喀斯特地区十分珍贵的基因库。施秉地区存在大量的珍稀濒危植物和古老孑遗物种100多种，其中有罗汉松、三尖杉、穗花杉、南方红豆杉和黄山松等，有的甚至形成优势树种。

黔东南州是我国苗族最主要的分布区之一。苗族人民通过数千年的生产实践摸索出一套成体系的医学系统，称为"苗医"，苗医对于中草药的认识有很多独特的理论和实践。施秉当地有大量苗医苗药的专家，对植物的识别有丰富的经验，有的甚至具备一定的分类学基础，但总体而言仍然缺乏对植物规范的描述，这对于中药资源的开发与利用是不利的。施秉地区素有"西南药城"的美名，是西南地区较早开展中药产业化的地区之一，已建成中药材标准化种植示范基地上万亩。随着经济的发展，施秉地区的植物资源面临机遇和挑战：国家对于中药现代化的重视和不断加大投入是机遇，而经济发展导致的环境破坏和物种灭绝则是挑战。如何合理开发利用施秉地区本土的资源，不但是世界自然遗产地面临的迫切问题，也是促进地方经济和社会发展重要的命题。然而，施秉地区的植物资源目前缺乏足够的本底数据，本书对于合理认识和开发施秉地区的植物资源具有重要的作用。作为一本植物识别手册，本书将种子植物分为裸子植物、双子叶植物和单子叶植物，共包括114科303属472种，包含了施秉地区常见的食用和药用植物，图片是申请世界自然遗产期间科学考察的部分汇总。

由于作者水平有限，书中难免存在瑕疵，恳请读者给予批评指证。

著者

2015年3月

细梗胡枝子 *Lespedeza virgata*

狭叶落地梅 *Lysimachia paridiformis* var. *stenophylla*

目　　录

- 银杏科　Ginkgoaceae 001
  - 1. 银杏　*Ginkgo biloba* 001
- 杉科　Taxodiaceae 001
  - 2. 柳杉　*Cryptomeria fortunei* 001
  - 3. 杉木　*Cunninghamia lanceolata* 002
- 柏科　Cupressaceae 002
  - 4. 刺柏　*Juniperus formosana* 002
  - 5. 圆柏　*Juniperus chinensis* 002
- 罗汉松科　Podocarpaceae 003
  - 6. 百日青　*Podocarpus neriifolius* 003
  - 7. 罗汉松　*Podocarpus macrophyllus* 003
- 三尖杉科　Cephalotaxaceae 004
  - 8. 粗榧　*Cephalotaxus sinensis* 004
- 红豆杉科　Taxaceae 004
  - 9. 红豆杉　*Taxus chinensis* 004
  - 10. 南方红豆杉　*Taxus chinensis var. mairei* 005
  - 11. 穗花杉　*Amentotaxus argotaenia* 005
- 三白草科　Saururaceae 006
  - 12. 裸蒴　*Gymnotheca chinensis* 006
  - 13. 鱼腥草　*Houttuynia cordata* 006
- 金粟兰科　Chloranthaceae 006
  - 14. 宽叶金粟兰　*Chloranthus henryi* 006
  - 15. 草珊瑚　*Sarcandra glabra* 007
- 荨麻科　Urticaceae 007
  - 16. 矮冷水花　*Pilea peploides* 007
  - 17. 花叶冷水花　*Pilea cadierei* 008
  - 18. 花点草　*Nanocnide japonica* 008
  - 19. 毛花点草　*Nanocnide lobata* 008
  - 20. 大蝎子草　*Girardinia diversifolia* 009
  - 21. 荨麻　*Urtica fissa* 009

22. 糯米团　*Gonostegia hirta* 010
23. 石筋草　*Pilea plataniflora* 010
24. 水麻　*Debregeasia orientalis* 011
25. 条叶楼梯草　*Elatostema sublineare* 011
26. 小叶楼梯草　*Elatostema parvum* 011
27. 庐山楼梯草　*Elatostema stewardii* 012
28. 序叶苎麻　*Boehmeria clidemicides var. diffusa* 012

■ 杨柳科　Salicaceae 013

29. 紫柳　*Salix wilsonii* 013

■ 胡桃科　Juglandaceae 013

30. 胡桃　*Juglans regia* 013
31. 圆果化香树　*Platycarya longipes* 014

■ 壳斗科　Fagaceae 014

32. 栗　*Castanea mollissima* 014

■ 榆科　Ulmaceae 015

33. 榆树　*Ulmus pumila* 015

■ 桑科　Moraceae 015

34. 构树　*Broussonetia papyifera* 015
35. 无花果　*Ficus carica* 016
36. 狭叶天仙果　*Ficus erecta var. beecheyana f. koshunensis* 016
37. 苹果榕　*Ficus oligodon* 016
38. 聚果榕　*Ficus racemosa var. racemosa* 017
39. 地果　*Ficus tikoua* 017
40. 变叶榕　*Ficus variolosa* 018
41. 粗叶榕　*Ficus hirta* 018
42. 黄葛树　*Ficus virens var. sublanceolata* 018
43. 异叶榕　*Ficus heteromorpha* 019
44. 长柄爬藤榕　*Ficus sarmentosa* 019
45. 竹叶榕　*Ficus stenophylla* 020
46. 葎草　*Humulus japonicus* 020

■ 桑寄生科　Loranthaceae 021

47. 贵州桑寄生　*Loranthus guizhouensis* 021

■ 马兜铃科　Aristolochiaceae 021

48. 背蛇生　*Aristolochia tuberosa* 021
49. 管花马兜铃　*Aristolochia tubiflora* 022
50. 马兜铃　*Aristolochia debilis* 022
51. 地花细辛　*Asarum geophilum* 022
52. 青城细辛　*Asarum splendens* 023

- 53. 尾花细辛　*Asarum caudigerum* ... 023
- 54. 五岭细辛　*Asarum wulingense* ... 024

蓼科　Polygonaceae ... 024

- 55. 金线草　*Rubia membranacea* ... 024
- 56. 萹蓄　*Polygonum aviculare* ... 024
- 57. 水蓼　*Polygonum hydropiper* ... 025
- 58. 尼泊尔蓼　*Polygonum nepalense* ... 025
- 59. 酸模叶蓼　*Polygonum lapathifolium* ... 026
- 60. 火炭母　*Polygonum chinense* ... 026
- 61. 红蓼　*Polygonum orientale* ... 027
- 62. 蚕茧草　*Polygonum japonicum* ... 027
- 63. 杠板归　*Polygonum perfoliatum* ... 027
- 64. 羊蹄　*Rumex japonicus* ... 028
- 65. 酸模　*Rumex acetosa* ... 028
- 66. 金荞麦　*Fagopyrum dibotrys* ... 028
- 67. 虎杖　*Polygonum Cuspidatum* ... 029
- 68. 何首乌　*Fallopia multiflora* ... 029

藜科　Chenopodiaceae ... 029

- 69. 藜　*Chenopodium album* ... 029
- 70. 地肤　*Kochia scoparia* ... 030
- 71. 尖头叶藜　*Chenopodium acuminatum* ... 030

苋科　Amaranthaceae ... 031

- 72. 绿穗苋　*Amaranthus hybridus* ... 031
- 73. 苋　*Amaranthus tricolor* ... 031
- 74. 牛膝　*Achyranthes bidentata* ... 031

紫茉莉科　Nyctaginaceae ... 032

- 75. 紫茉莉　*Mirabilis jalapa* ... 032

商陆科　Phytolaccaceae ... 032

- 76. 商陆　*Phytolacca acinosa* ... 032

木兰科　Magnoliaceae ... 033

- 77. 鹅掌楸　*Liriodendron chinense* ... 033
- 78. 含笑　*Michelia figo* ... 033

石竹科　Caryophyllaceae ... 034

- 79. 石竹　*Dianthus chinensis* ... 034
- 80. 狗筋蔓　*Cucubalus baccifer* ... 034
- 81. 孩儿参　*Pseudostellaria heterophylla* ... 034
- 82. 球序卷耳　*Cerastium glomeratum* ... 035

- 八角科　Illiciaceae 035
  - 83. 八角　*Illicium verum* 035
- 番荔枝科　Annonaceae 036
  - 84. 黑风藤　*Fissistigma polyanthum* 036
- 蜡梅科　Calycanthaceae 036
  - 85. 蜡梅　*Chimonanthus praecox* 036
- 樟科　Lauraceae 037
  - 86. 山胡椒　*Lindera glauca* 037
  - 87. 香叶树　*Lindera communis* 037
  - 88. 大叶新木姜子　*Neolitsea levinei* 037
  - 89. 红果黄肉楠　*Actinodaphne cupularis* 038
- 莲叶桐科　Hernandiaceae 038
  - 90. 小花青藤　*Illigera parviflora* 038
- 毛茛科　Ranunculaceae 039
  - 91. 打破碗花花　*Anemone hupehensis* 039
  - 92. 盾叶唐松草　*Thalictrum ichangense* 039
  - 93. 爪哇唐松草　*Thalictrum javanicum* 039
  - 94. 毛蕊铁线莲　*Clematis lasiandra* 040
  - 95. 毛柱铁线莲　*Clematis meyeniana* 040
  - 96. 锈毛铁线莲　*Clematis leschenaultiana* 040
  - 97. 威灵仙　*Clematis chinensis* 041
  - 98. 小木通　*Clematis armandii* 041
  - 99. 尾囊草　*Urophysa henryi* 041
  - 100. 西南毛茛　*Ranunculus ficariifolius* 042
  - 101. 禺毛茛　*Ranunculus cantoniensis* 042
  - 102. 猫爪草　*Ranunculus ternatus* 042
  - 103. 毛茛　*Ranunculus japonicus* 043
- 小檗科　Berberidaceae 043
  - 104. 粗毛淫羊藿　*Epimedium acuminatum* 043
- 大血藤科　Sargentodoxaceae 043
  - 105. 大血藤　*Sargentodoxa cuneatatum* 043
- 木通科　Lardizabalaceae 044
  - 106. 三叶木通　*Akebia trifoliata* 044
- 胡椒科　Piperaceae 045
  - 107. 毛蒟　*Piper puberulum* 045
  - 108. 石南藤　*Piper wallichii* 045
- 芍药科　Paeoniaceae 046
  - 109. 芍药　*Paeonia lactiflora* 046

- 猕猴桃科　Actinidiaceae 046
  - 110. 京梨猕猴桃　*Actinidia callosa* var. *henryi* 046
  - 111. 绵毛猕猴桃　*Actinidia fulvicoma* var. *lanata* f. *lanata* 046
  - 112. 滑叶猕猴桃　*Actinidia laevissima* 047
  - 113. 异色猕猴桃　*Actinidia callosa* var. *discolor* 047
  - 114. 中华猕猴桃　*Actinidia chinensis* 047
  - 115. 狗枣猕猴桃　*Actinidia kolomikta* 048
  - 116. 藤山柳　*Clematoclethra lasioclada* 048
- 山茶科　Theaceae 049
  - 117. 细齿叶柃　*Eurya nitida* 049
- 藤黄科　Clusiaceae 049
  - 118. 挺茎遍地金　*Hypericum elodeoides* 049
  - 119. 贵州金丝桃　*Hypericum kouytchense* 050
  - 120. 金丝桃　*Hypericum monogynum* 050
  - 121. 元宝草　*Hypericum sampsonii* 051
  - 122. 地耳草　*Hypericum japonicum* 051
- 漆树科　Anacardiaceae 052
  - 123. 盐肤木　*Rhus chinensis* 052
- 罂粟科　Papaveraceae 052
  - 124. 博落回　*Macleaya cordata* 052
  - 125. 籽纹紫堇　*Corydalis esquirolii* 053
- 山柑科　Capparaceae 053
  - 126. 醉蝶花　*Cleome spinosa* 053
- 十字花科　Brassicaceae 054
  - 127. 荠　*Capsella bursa~pastoris* 054
  - 128. 豆瓣菜　*Nasturtium officinale* 054
  - 129. 弯曲碎米荠　*Cardamine flexuosa* 054
  - 130. 蔊菜　*Rorippa indica* 055
  - 131. 无瓣蔊菜　*Rorippa dubia* 055
- 景天科　Crassulaceae 056
  - 132. 珠芽景天　*Sedum bulbiferum* 056
  - 133. 凹叶景天　*Sedum emarginatum* 056
  - 134. 大苞景天　*Sedum amplibracteatum* 056
  - 135. 垂盆草　*Sedum sarmentosum* 057
  - 136. 繁缕景天　*Sedum stellariifolium* 057
- 虎耳草科　Saxifragaceae 058
  - 137. 四川溲疏　*Deutzia setchuenensis* 058
  - 138. 溲疏　*Deutzia scabra* 058

139. 西南绣球　*Hydrangea davidii* 059
140. 绣球　*Hydrangea macrophylla* 059
141. 扯根菜　*Penthorum chinense* 060
142. 灰叶溲疏　*Deutzia cinerascens* 060
143. 冬青叶鼠刺　*Itea ilicifolia* 060
144. 虎耳草　*Saxifraga stolonifera* 061
145. 黄水枝　*Tiarella polyphylla* 061
146. 贵阳梅花草　*Parnassia petimenginii* 062
147. 鸡眼梅花草　*Parnassia wightiana* 062
148. 细枝茶藨子　*Ribes tenue* 063

海桐花科　Pittosporaceae 063

149. 峨眉海桐　*Pittosporum omeiense* 063
150. 崖花子　*Pittosporum truncatum* 063
151. 卵果海桐　*Pittosporum ovoideum* 064

蔷薇科　Rosaceae 064

152. 单瓣缫丝花　*Rosa roxburghii* 064
153. 粉团蔷薇　*Rosa multiflora* var. *cathayensis* 065
154. 小果蔷薇　*Rosa cymosa* 065
155. 悬钩子蔷薇　*Rosa rubus* 066
156. 月季花　*Rosa chinensis* 066
157. 毛萼蔷薇　*Rosa lasiosepala* 066
158. 木莓　*Rubus swinhoei* 067
159. 山莓　*Rubus corchorifolius* 067
160. 红花悬钩子　*Rubus inopertus* 068
161. 乌泡子　*Rubus parkeri* 068
162. 黄脉莓　*Rubus xanthoneurus* 068
163. 周毛悬钩子　*Rubus amphidasys* 069
164. 灰白毛莓　*Rubus tephrodes* 069
165. 毛果绣线梅　*Neillia thyrsiflora* var. *tunkinensis* 070

豆科　Leguminosae 070

166. 西南杭子梢　*Campylotropis delavayi* 070
167. 天蓝苜蓿　*Medicago lupulina* 071
168. 白车轴草　*Trifolium repens* 071
169. 扁豆　*Lablab purpureus* 071
170. 葛　*Pueraria lobata* 072
171. 长柄山蚂蝗　*Hylodesmum podocarpum* 072
172. 尖叶长柄山蚂蝗　*Hylodesmum podocarpum* var. *oxyphyllum* 073
173. 野豇豆　*Vigna vexillata* 073
174. 贼小豆　*Vigna minima* 073

175. 大叶胡枝子　*Lespedeza davidii*	074
176. 截叶铁扫帚　*Lespedeza cuneata*	074
177. 细梗胡枝子　*Lespedeza virgata*	075
178. 铁马鞭　*Lespedeza pilosa*	075
179. 亮叶崖豆藤　*Millettia nitida*	075
180. 鹿藿　*Rhynchosia volubilis*	076
181. 刺序木蓝　*Indigofera silvestrii*	076
182. 多花木蓝　*Indigofera amblyantha*	076
183. 河北木蓝　*Indigofera bungeana*	077
184. 长萼鸡眼草　*Kummerowia stipulacea*	077
185. 合欢　*Albizia julibrissin*	078
186. 云实　*Caesalpinia decapetal*	078
187. 黄槐决明　*Cassia surattensis*	079

■ 牻牛儿苗科　Geraniaceae 079

188. 尼泊尔老鹳草　*Geranium nepalense*	079

■ 酢浆草科　Oxalidaceae 080

189. 山酢浆草　*Oxalis acetosella*	080

■ 亚麻科　Linaceae 080

190. 青篱柴　*Tirpitzia sinensis*	080

■ 大戟科　Euphorbiaceae 081

191. 黄苞大戟　*Euphorbia sikkimensis*	081
192. 泽漆　*Euphorbia helioscopia*	081
193. 木薯　*Manihot esculenta*	081
194. 裂苞铁苋菜　*Acalypha brachystachya*	082
195. 石岩枫　*Mallotus repandus*	082

■ 芸香科　Rutaceae 083

196. 飞龙掌血　*Toddalia asiatica*	083
197. 宜昌橙　*Citrus ichangensis*	083
198. 吴茱萸　*Tetradium rutaecarpa*	084
199. 砚壳花椒　*Zanthoxylum dissitum*	084
200. 野花椒　*Zanthoxylum simulans*	085
201. 箣檔花椒　*Zanthoxylum avicennae*	085

■ 远志科　Polygalaceae 085

202. 小扁豆　*Polygala tatarinowii*	085
203. 长毛籽远志　*Polygala wattersii*	086

■ 无患子科　Sapindaceae 086

204. 复羽叶栾树　*Koelreuteria bipinnata*	086
205. 川滇无患子　*Sapindus delavayi*	087

- 清风藤科　Sabiaceae 088
  - 206. 凹萼清风藤　*Sabia emarginata* 088
  - 207. 四川清风藤　*Sabia schumanniana* 088
- 凤仙花科　Balsaminaceae 089
  - 208. 凤仙花　*Impatiens balsamina* 089
  - 209. 湖北凤仙花　*Impatiens pritzelii* 089
  - 210. 锐齿凤仙花　*Impatiens arguta* 090
- 冬青科　Aquifoliaceae 090
  - 211. 纤齿枸骨　*Ilex ciliospinosa* 090
  - 212. 狭叶冬青　*Ilex fargesii* 091
- 卫矛科　Celastraceae 091
  - 213. 南蛇藤　*Celastrus orbiculatus* 091
- 省沽油科　Staphyleaceae 092
  - 214. 野鸦椿　*Euscaphis japonica* 092
- 鼠李科　Rhamnaceae 092
  - 215. 薄叶鼠李　*Rhamnus leptophylla* 092
  - 216. 长叶冻绿　*Rhamnus crenata* 093
  - 217. 多花勾儿茶　*Berchemia floribunda* 093
  - 218. 多叶勾儿茶　*Berchemia polyphylla* 093
  - 219. 牯岭勾儿茶　*Berchemia kulingensis* 094
  - 220. 皱叶雀梅藤　*Sageretia rugosa* 094
- 葡萄科　Vitaceae 095
  - 221. 扁担藤　*Tetrastigma planicaule* 095
  - 222. 刺葡萄　*Vitis davidii* 095
  - 223. 花叶地锦　*Parthenocissus henryana* 096
  - 224. 蓝果蛇葡萄　*Ampelopsis bodinieri* 096
  - 225. 无毛崖爬藤　*Tetrastigma obtectum var. Glabrum* 097
- 锦葵科　Malvaceae 097
  - 226. 蜀葵　*Althaea rosea* 097
  - 227. 木槿　*Hibiscus syriacus* 097
  - 228. 锦葵　*Malva sinensis* 098
- 茄科　Solanaceae 098
  - 229. 枸杞　*Lycium chinense* 098
  - 230. 假酸浆　*Nicandra physalodes* 099
  - 231. 小酸浆　*Physalis minima* 099
  - 232. 挂金灯　*Physalis alkekengi var. franchetii* 099
  - 233. 茄　*Solanum melongena* 100
  - 234. 白英　*Solanum lyratum* 100

235. 龙葵　*Solanum nigrum* ... 100
236. 少花龙葵　*Solanum photeinocarpum* ... 101

瑞香科　Thymelaeaceae ... 101
237. 尖瓣瑞香　*Daphne acutiloba* ... 101
238. 岩杉树　*Wikstroemia angustifolia* ... 102
239. 窄叶荛花　*Wikstroemia stenophylla* ... 102
240. 头序荛花　*Wikstroemia capitata* ... 102

胡颓子科　Elaeagnaceae ... 103
241. 巴东胡颓子　*Elaeagnus difficilis* ... 103
242. 披针叶胡颓子　*Elaeagnus lanceolata* ... 103

大风子科　Flacourtiaceae ... 104
243. 南岭柞木　*Xylosma controversum* ... 104

堇菜科　Violaceae ... 104
244. 光叶堇菜　*Viola hossei* ... 104
245. 鸡腿堇菜　*Viola acuminata* ... 104
246. 蔓茎堇菜　*Viola diffusa* ... 105
247. 深圆齿堇菜　*Viola davidii* ... 105
248. 长萼堇菜　*Viola inconspicua* ... 106

秋海棠科　Begoniaceae ... 106
249. 昌感秋海棠　*Begonia cavaleriei* ... 106
250. 中华秋海棠　*Begonia grandis subsp. sinensis* ... 107
251. 掌裂叶秋海棠　*Begonia pedatifida* ... 107

千屈菜科　Lythraceae ... 108
252. 千屈菜　*Lythrum salicaria* ... 108
253. 紫薇　*Lagerstroemia indica* ... 108

石榴科　Punicaceae ... 109
254. 石榴　*Punica granatum* ... 109

葫芦科　Cucurbitaceae ... 109
255. 中华栝楼　*Trichosanthes rosthornii* ... 109
256. 齿叶赤瓟　*Thladiantha dentata* ... 110
257. 南赤瓟　*Thladiantha nudiflora* ... 110
258. 佛手瓜　*Sechium edule* ... 111
259. 茅瓜　*Solena amplexicaulis* ... 111

野牡丹科　Cucurbitaceae ... 112
260. 肉穗草　*Sarcopyramis bodinieri* ... 112

柳叶菜科　Onagraceae ... 112
261. 光滑柳叶菜　*Epilobium amurense subsp. Cephalostigma* ... 112
262. 柳兰　*Epilobium angustifolium* ... 113

263. 柳叶菜　*Epilobium hirsutum* 113
264. 南方露珠草　*Circaea mollis* 114

八角枫科　Alangiaceae 114

265. 八角枫　*Alangium chinense* 114
266. 稀花八角枫　*Alangium chinense subsp. pauciflorum* 115

蓝果树科　Nyssaceae 115

267. 喜树　*Camptotheca acuminata* 115

山茱萸科　Cornaceae 115

268. 短梗四照花　*Dendrobenthamia brevipedunculata* 115
269. 有齿鞘柄木　*Toricellia angulata var. intermedia* 116
270. 光皮梾木　*Cornus wilsoniana* 116
271. 西域青荚叶　*Helwingia himalaica* 117

五加科　Araliaceae 117

272. 楤木　*Aralia chinensis* 117
273. 短序鹅掌柴　*Schefflera bodinieri* 117
274. 树参　*Dendropanax dentiger* 118
275. 吴茱萸五加　*Gamblea ciliata var. evodiifolia* 118
276. 常春藤　*Hedera nepalensis var. sinensis* 119

伞形科　Apiaceae 119

277. 窃衣　*Torilis scabra* 119
278. 水芹　*Oenanthe javanica* 120
279. 天胡荽　*Hydrocotyle sibthorpioides* 120
280. 鸭儿芹　*Cryptotaenia japonica* 121
281. 野胡萝卜　*Daucus carota* 121

鹿蹄草科　Pyrolaceae 121

282. 鹿蹄草　*Pyrola calliantha* 121

杜鹃花科　Ericaceae 122

283. 杜鹃　*Rhododendron simsii* 122

紫金牛科　Myrsinaceae 122

284. 杜茎山　*Maesa japonica* 122
285. 江南紫金牛　*Ardisia faberi* 122
286. 朱砂根　*Ardisia crenata* 123

报春花科　Primulaceae 123

287. 腺药珍珠菜　*Lysimachia stenosepala* 123
288. 过路黄　*Lysimachia christiniae* 124
289. 狭叶落地梅　*Lysimachia paridiformis var. stenophylla* 124
290. 落地梅　*Lysimachia paridiformis* 124
291. 叶头过路黄　*Lysimachia phyllocephala* 125

292. 显苞过路黄　*Lysimachia rubiginosa* 125
293. 聚花过路黄　*Lysimachia congestiflora* 125
294. 细梗香草　*Lysimachia capillipes* 126
295. 岩生报春　*Primula saxatilis* 126
296. 小伞报春　*Primula sertulum* 126

柿树科　Ebenaceae 127

297. 柿　*Diospyros kaki* 127

安息香科　Styracaceae 128

298. 粉花安息香　*Styrax roseus* 128

木犀科　Oleaceae 128

299. 牛矢果　*Osmanthus matsumuranus* 128
300. 多毛小蜡　*Ligustrum sinense* var. *coryanum* 129
301. 小蜡　*Ligustrum sinense* 129
302. 华素馨　*Jasminum sinense* 130

马钱科　Loganiaceae 130

303. 蓬莱葛　*Gardneria multiflora* 130

龙胆科　Gentianaceae 131

304. 穿心草　*Canscora lucidissima* 131
305. 红花龙胆　*Gentiana rhodantha* 131
306. 深红龙胆　*Gentiana rubicunda* 132
307. 四数龙胆　*Gentiana lineolata* 133
308. 小龙胆　*Gentiana parvula* 133
309. 显脉獐牙菜　*Swertia nervosa* 134

萝藦科　Asclepiadaceae 134

310. 金雀马尾参　*Ceropegia mairei* 134
311. 长叶吊灯花　*Ceropegla dollchophylla* 135
312. 朱砂藤　*Cynanchum officinale* 135
313. 牛皮消　*Cynanchum auriculatum* 135
314. 七层楼　*Tylophora floribunda* 136
315. 青蛇藤　*Periploca calophylla* 136

茜草科　Rubiaceae 136

316. 白毛鸡矢藤　*Paederia pertomentosa* 136
317. 大叶茜草　*Rubia schumanniana* 137
318. 钩藤　*Uncaria rhynchophylla* 137
319. 广州蛇根草　*Ophiorrhiza cantoniensis* 138

紫葳科　Bignoniaceae 138

320. 梓　*Catalpa ovata* 138

- 爵床科　Acanthaceae 139
  - 321. 白接骨　*Asystasiella neesiana* 139
  - 322. 贵州赛爵床　*Calophanoides kouytchensis* 139
  - 323. 杜根藤　*Calophanoides quadrifaria* 140
  - 324. 爵床　*Rostellularia procumbens* 140
  - 325. 九头狮子草　*Peristrophe japonica* 140
- 苦苣苔科　Gesneriaceae 141
  - 326. 毛苞半蒴苣苔　*Hemiboea gracilis* var. *pilobracteata* 141
  - 327. 半蒴苣苔　*Hemiboea henryi* 141
  - 328. 柔毛半蒴苣苔　*Hemiboea mollifolia* 142
  - 329. 齿叶吊石苣苔　*Lysionotus serratus* 142
  - 330. 大花石上莲　*Oreocharis maximowiczii* 143
  - 331. 革叶粗筒苣苔　*Briggsia mihieri* 143
  - 332. 珊瑚苣苔　*Corallodiscus cordatulus* 144
  - 333. 锈色蛛毛苣苔　*Paraboea rufescens* 144
  - 334. 蛛毛苣苔　*Paraboea sinensis* 145
  - 335. 长冠苣苔　*Rhabdothamnopsis sinensis* 145
- 狸藻科　Lentibulariaceae 146
  - 336. 挖耳草　*Utricularia bifida* 146
- 车前科　Plantaginaceae 146
  - 337. 车前　*Plantago asiatica* 146
- 败酱科　Valerianaceae 147
  - 338. 少蕊败酱　*Patrinia monandra* 147
  - 339. 败酱　*Patrinia scabiosaefolia* 148
- 忍冬科　Caprifoliaceae 148
  - 340. 小叶六道木　*Abelia parvifolia* 148
  - 341. 淡红忍冬　*Lonicera acuminata* 149
  - 342. 忍冬　*Lonicera japonica* 149
  - 343. 女贞叶忍冬　*Lonicera ligustrina* 149
  - 344. 灰毡毛忍冬　*Lonicera macranthoides* 150
  - 345. 云雾忍冬　*Lonicera nubium* 150
  - 346. 接骨草　*Sambucus williamsii* 151
  - 347. 伞房荚蒾　*Viburnum corymbiflorum* 151
  - 348. 少花荚蒾　*Viburnum oliganthum* 152
  - 349. 皱叶荚蒾　*Viburnum rhytidophyllum* 152
  - 350. 三叶荚蒾　*Viburnum ternatum* 153
- 川续断科　Dipsacaceae 153
  - 351. 川续断　*Dipsacus asperoides* 153

目录

桔梗科　Campanulaceae 154

- 352. 桔梗　*Platycodon grandiflorus* 154
- 353. 西南风铃草　*Campanula colorata* 154
- 354. 狭叶山梗菜　*Lobelia colorata* 154
- 355. 杏叶沙参　*Adenophora hunanensis* 155
- 356. 长叶轮钟草　*Campanumoea lancifolia* 155

菊科　Asteraceae 156

- 357. 梵净蓟　*Cirsium fanjingshanense* 156
- 358. 蓟　*Cirsium japonicum* 156
- 359. 刺儿菜　*Cirsium setosum* 157
- 360. 野茼蒿　*Crassocephalum crepidioides* 157
- 361. 大丽花　*Dahlia pinnata* 158
- 362. 一年蓬　*Erigeron annuus* 158
- 363. 马兰　*Kalimeris indica* 159
- 364. 华火绒草　*Leontopodium sinense* 159
- 365. 艾纳香　*Blumea balsamifera* 160
- 366. 苍耳　*Xanthium sibiricum* 160
- 367. 齿叶橐吾　*Ligularia dentata* 161
- 368. 鹿蹄橐吾　*Ligularia hodgsonii* 161
- 369. 东风菜　*Doellingeria scaber* 162
- 370. 藿香蓟　*Ageratum conyzoides* 162
- 371. 菊三七　*Gynura japonica* 163
- 372. 鳢肠　*Eclipta prostrata* 163
- 373. 毛连菜　*Picris hieracioides* 164
- 374. 秋分草　*Rhynchospermum verticillatum* 164
- 375. 牛蒡　*Arctium lappa* 165
- 376. 秋鼠麴草　*Gnaphalium hypoleucum* 165
- 377. 鼠麴草　*Gnaphalium affine* 166
- 378. 钻叶紫菀　*Aster subulatus* 166
- 379. 茼蒿　*Chrysanthemum coronarium* 167
- 380. 腺梗豨莶　*Siegesbeckia pubescens* 167
- 381. 豨莶　*Siegesbeckia orientalis* 168
- 382. 向日葵　*Helianthus annuus* 168
- 383. 小蓬草　*Conyza canadensis* 169
- 384. 羊耳菊　*Inula cappa* 169

泽泻科　Alismataceae 170

- 385. 东方泽泻　*Alisma orientale* 170
- 386. 野慈姑　*Sagittaria trifolia* 170

- 水鳖科　Hydrocharitaceae 171
  - 387. 贵州水车前　*Ottelia sinensis* 171
  - 388. 黑藻　*Hydrilla verticillata* 171
- 菝葜科　Smilacaceae 172
  - 389. 尖叶菝葜　*Smilax arisanensis* 172
  - 390. 马甲菝葜　*Smilax lanceifolia* 172
  - 391. 短梗菝葜　*Smilax scobinicaulis* 173
  - 392. 鞘柄菝葜　*Smilax stans* 173
  - 393. 梵净山菝葜　*Smilax vanchingshanensis* 173
- 百合科　Liliaceae 174
  - 394. 粉条儿菜　*Aletris spicata* 174
  - 395. 玉簪　*Hosta plantaginea* 174
  - 396. 南川百合　*Lilium rosthornii* 174
  - 397. 山麦冬　*Liriope spicata* 175
  - 398. 球药隔重楼　*Paris fargesii* 175
  - 399. 七叶一枝花　*Paris polyphylla* 176
  - 400. 多花黄精　*Polygonatum cyrtonema* 176
  - 401. 玉竹　*lygonatum odoratum* 176
  - 402. 藜芦　*Veratrum nigrum* 177
  - 403. 短蕊万寿竹　*Disporum brachystemon* 177
  - 404. 万寿竹　*Disporum cantoniense* 178
  - 405. 吉祥草　*Reineckia carnea* 178
- 石蒜科　Amaryllidaceae 178
  - 406. 忽地笑　*Lycoris aurea* 178
  - 407. 石蒜　*Lycoris radiata* 179
  - 408. 韭莲　*Zephyranthes grandiflora* 179
- 薯蓣科　Dioscoreaceae 179
  - 409. 黄独　*Dioscorea bulbifera* 179
  - 410. 高山薯蓣　*Dioscorea henryi* 180
  - 411. 薯蓣　*Dioscorea opposita* 180
- 鸢尾科　Iridaceae 181
  - 412. 蝴蝶花　*Iris japonica* 181
- 灯心草科　Juncaceae 181
  - 413. 翅茎灯心草　*Juncus alatus* 181
  - 414. 灯心草　*Juncus effusus* 182
- 鸭跖草科　Commelinaceae 182
  - 415. 鸭跖草　*Commelina communis* 182
  - 416. 杜若　*Pollia japonica* 182

417. 竹叶子　*Streptolirion volubile* 183

禾本科　Poaceae 183

 418. 薏苡　*Coix lacryma~jobi* 183
 419. 牛筋草　*Eleusine indica* 184
 420. 小颖羊茅　*Festuca parvigluma* 184
 421. 白顶早熟禾　*Poa acroleuca* 185
 422. 早熟禾　*Poa annua* 185
 423. 高粱　*Sorghum bicolor* 185
 424. 狗牙根　*Cynodon dactylon* 186
 425. 稻　*Oryza sativa* 186
 426. 显子草　*Phaenosperma globosa* 187
 427. 玉蜀黍　*Zea mays* 187
 428. 棕叶狗尾草　*Setaria palmifolia* 188

棕榈科　Palmae 188

 429. 棕榈　*Trachycarpus fortunei* 188

天南星科　Araceae 189

 430. 磨芋　*Amorphophallus rivieri* 189
 431. 象南星　*Arisaema elephas* 189
 432. 一把伞南星　*Arisaema erubescens* 190
 433. 天南星　*Arisaema heterophyllum* 190
 434. 湘南星　*Arisaema hunanense* 191
 435. 芋　*Colocasia esculenta* 191
 436. 早花岩芋　*Remusatia hookeriana* 191

香蒲科　Typhaceae 192

 437. 水烛　*Typha angustifolia* 192

莎草科　Cyperaceae 193

 438. 隐穗薹草　*Carex cryptostachys* 193
 439. 葱状薹草　*Carex alliiformis* 193
 440. 大披针薹草　*Carex lanceolata* 194
 441. 短叶水蜈蚣　*Kyllinga brevifolia* 194
 442. 无刺鳞水蜈蚣　*Kyllinga brevifolia* var. *leiolepis* 195
 443. 砖子苗　*Mariscus umbellatus* 195
 444. 红鳞扁莎　*Pycreus sanguinolentus* 195
 445. 碎米莎草　*Cyperus iria* 196
 446. 异型莎草　*Cyperus difformis* 196

芭蕉科　Musaceae 197

 447. 芭蕉　*Musa basjoo* 197

- 姜科　Zingiberaceae 197
  - 448. 黄姜花　*Hedychium flavum* 197
  - 449. 山姜　*Alpinia japonica* 198
  - 450. 蘘荷　*Zingiber mioga* 198
- 兰科　Orchidaceae 199
  - 451. 艳丽齿唇兰　*Anoectochilus moulmeinensis* 199
  - 452. 西南齿唇兰　*Anoectochilus elwesii* 199
  - 453. 金线兰　*Anoectochilus roxburghii* 200
  - 454. 大叶火烧兰　*Epipactis mairei* 200
  - 455. 独蒜兰　*Pleione bulbocodioides* 200
  - 456. 二叶舌唇兰　*Platanthera chlorantha* 201
  - 457. 黄花鹤顶兰　*Phaius flavus* 201
  - 458. 旗唇兰　*Vexillabium yakushimense* 202
  - 459. 绒叶斑叶兰　*Goodyera velutina* 202
  - 460. 绶草　*Spiranthes sinensis* 203
  - 461. 纹瓣兰　*Cymbidium aloifolium* 203
  - 462. 线瓣玉凤花　*Habenaria fordii* 204
  - 463. 裂瓣玉凤花　*Habenaria petelotii* 204
  - 464. 毛葶玉凤花　*Habenaria ciliolaris* 204
  - 465. 小白及　*Bletilla formosana* 205
  - 466. 硬叶兜兰　*Paphiopedilum micranthum* 205
  - 467. 云南石仙桃　*Pholidota yunnanensis* 206
  - 468. 泽泻虾脊兰　*Calanthe alismaefolia* 206
  - 469. 三褶虾脊兰　*Calanthe triplicata* 207
  - 470. 剑叶虾脊兰　*Calanthe davidii* 207
  - 471. 长唇羊耳蒜　*Liparis pauliana* 208
  - 472. 足茎毛兰　*Eria coronaria* 208
- 后记 209

- 拉丁名索引 210

- 中文名索引 217

银杏科　Ginkgoaceae

1. 银杏　*Ginkgo biloba*

形态　落叶乔木。枝有长枝与短枝。叶在长枝上螺旋状散生，在短枝上簇生，叶片扇形，有长柄，有多数2叉状并列的细脉。雌雄异株，稀同株；球花生于短枝叶腋或苞腋；雄球花成葇荑花序状。种子核果状，外种皮有白粉，熟时淡黄色或橙黄色；中种皮骨质，白色，具2~3棱；内种皮膜质；胚乳丰富。

生境　喜适当湿润而排水良好的深厚土壤，适于生长在水热条件比较优越的亚热带季风区。

分布　分布于施秉县城、太平山和胜溪等地，中国特产，并有栽培。

用途　叶入药，能敛肺涩肠、活血养心，主治胸痹心痛和泄泻痢疾等。果实俗称"白果"，含有多种营养元素，具有益肺气、治咳喘、护血管和增加血流量等食疗作用和医用效果。

杉科　Taxodiaceae

2. 柳杉　*Cryptomeria fortunei*

形态　小枝细长，常下垂，大枝近轮生，平展或斜展，两侧扁。雌雄同株；雄球花矩圆形，单生叶腋，并在近枝顶集生；雌球花单生枝顶，近球形，每株鳞常有2胚珠，苞鳞与珠鳞合生，仅先端分离。球果近球形，直径1.2~2厘米；种鳞楯形，木质，每种鳞有2粒种子；种子微扁，周围具窄翅。

生境　适于生长在海拔400~2500米的山谷、溪边潮湿林和山坡林中，并有栽培。

分布　黑冲、云台山有野生分布，施秉县城、杨柳塘等地有栽培。

用途　根皮入药，可用于治疗癣疮。

3. 杉木 *Cunninghamia lanceolata*

形态 常绿乔木。叶坚硬，条状披针形，在侧枝上排成两列。雌雄同株；雄球花簇生枝顶；雌球花单生或簇生枝顶，苞鳞与珠鳞合生。球果近球形或卵圆形，长2.5~5厘米；苞鳞革质，扁平，宿存；种鳞小；种子扁平，长6~8毫米，褐色，两侧有窄翅。

生境 较喜光；多生长在山谷和山坡林中。

分布 施秉各地有栽培。

用途 树皮、根和叶可入药，具祛风燥湿、收敛止血的药效。

柏 科 Cupressaceae

4. 刺柏 *Juniperus formosana*

形态 常绿乔木或灌木。小枝下垂，常有棱脊；冬芽显著。叶为刺形，3叶轮生，先端渐锐尖，长1.2~2.5厘米，宽1.2~2毫米，中脉两侧各有1条白色气孔带，下表面有纵钝脊。球花单生叶腋。球果近球形或宽卵圆形，长6~10毫米，有白粉。种子通常有3粒，无翅，有3~4棱脊。

生境 常见于海拔1300~3400米地区，但不成大片森林，向阳山坡以及岩石缝隙处均可生长。

用途 根入药，有退热、透疹的药效。

分布 黑冲有野生分布。

5. 圆柏 *Juniperus chinensis*

形态 乔木，高达20米。树皮深灰色，纵裂，成条片开裂；幼树的枝条通常形成尖塔形树冠；小枝通常直或稍成弧状弯曲。叶2型，鳞叶3叶轮生，近披针形；刺叶3叶交互轮生，披针形，长6~12毫米，有两条白粉带。雌雄异株，稀同株，雄球花椭圆形，长2.5~3.5毫米，雄蕊5~7对。球果近圆球形，直径6~8毫米，两年成熟。种子卵圆形且扁；子叶2枚，条形，长1.3~1.5厘米，宽约1毫米，下表有两条白色气孔带。

生境　喜光树种，喜温凉、温暖气候及湿润土壤，适于生长在海拔1000米以下，为普遍栽培的庭园树种。

分布　施秉各地有栽培。

用途　枝叶可入药，能祛风散寒、活血消肿和利尿。种子可用于提取润滑油。

罗汉松科　Podocarpaceae

6. 百日青　*Podocarpus neriifolius*

形态　常绿乔木。叶螺旋状着生，厚革质，条状披针形，常微弯，长7~15厘米，宽9~13毫米，上部渐窄，先端渐尖，基部渐窄成短柄，上表面微有光泽，中脉明显隆起，无侧脉；下表面中脉微隆起或近平。雄球花穗状，单生或2~3簇生叶腋，有短梗。种子单生叶腋，卵球形，长8~16毫米，种托橙红色，梗长9~22毫米。

生境　散生于低海拔常绿阔叶林中。

分布　云台山有零星野生分布，塘头附近有小片罗汉松群落。

用途　果实治咳嗽。根皮具有活血、止痛等药效，外用可治疗疥癣。叶可用于治疗咳血及吐血等。种子具有补肾、益肺的功效，可用于心胃疼痛和血虚。

7. 罗汉松　*Podocarpus macrophyllus*

形态　常绿乔木，枝叶稠密。叶螺旋状排列，条状披针形，长7~10厘米，宽5~8毫米，先端渐尖或钝尖，基部楔形，有短柄，上、下两面有明显隆起的中脉。雄球花穗状，长3~5厘米；雌球花单生于叶腋，有梗。种子卵圆形，长1~1.2厘米。

生境　喜温暖且湿润的气候，耐寒性弱，对土壤适应性较强。

分布　云台山有零星的野生罗汉松分布，也有成片群落。

用途　树皮能杀虫止痒，治疥癣；果实可治心胃气痛；叶主治咯血及吐血。

三尖杉科 Cephalotaxaceae

8. 粗榧 *Cephalotaxus sinensis*

形态 灌木或小乔木，高达15米；树皮灰色或灰褐色。叶条形，排成两列，通常直，长2~5厘米，宽约3毫米，基部近圆形，先端通常渐尖或微凸尖，中脉明显，下表面有2条白色气孔带。雄球花6~7朵聚生成头状，径约6毫米，总梗长约3毫米，基部及总梗上有多数苞片；雌球花卵圆形，基部有1枚苞片；雄蕊4~11。种子通常2~5粒着生于轴上。花期3~4月，种子8~10月成熟。

生境 耐阴，较耐寒，多生于海拔600~2200米的花岗岩、砂岩及石灰岩山地。

分布 云台山、塘头有野生分布。

用途 根皮、枝叶可入药，主治淋巴瘤、白血病；种子具有润肺止咳的药效，主治肺燥咳嗽。

红豆杉科 Taxaceae

9. 红豆杉 *Taxus chinensis*

形态 常绿乔木；小枝互生。叶条形，螺旋状着生，基部扭转排成两列，通常微弯，长1~2.5厘米，宽2~2.5毫米，下表面沿中脉两侧有两条宽灰绿色或黄绿色气孔带，绿色边带极窄。雌雄异株；雄球花单生叶腋；雌球花的胚珠单生于花轴上部侧生短轴的顶端。种子扁卵圆形，生于红色肉质的杯状假种皮中，长约5毫米。

生境 海拔1500~2000米的山地，生长分散，无纯林，多为林中散生木。

分布 黑冲有野生分布。

用途 枝叶含紫杉醇，可提取做抗癌物质，主治乳腺癌及卵巢癌等。

10. 南方红豆杉 *Taxus chinensis* var. *mairei*

形态 常绿乔木；小枝互生。叶螺旋状着生，排成两列，条形，微弯，近镰状，长1.5~3厘米，宽2.5~3.5毫米，先端渐尖或微急尖，叶上表面中脉隆起，下表面有两条黄绿色气孔带，边缘通常不反曲。种子倒卵形或宽卵形，微扁，生于红色肉质的杯状假种皮中，种脐椭圆形或近圆形。

生境 海拔1000米或1500米以下的山地，耐荫树种，喜温暖湿润气候，通常生长于山脚腹地较为潮湿处，并能适应山谷、溪边、缓坡腐殖质丰富的酸性土壤。

分布 云台山有野生分布。

用途 枝叶含紫杉醇，可提取做抗癌物质，主治乳腺癌及卵巢癌等。

11. 穗花杉 *Amentotaxus argotaenia*

形态 常绿小乔木或灌木；小枝对生或近对生。叶交互对生，两列，厚革质，条状披针形，叶上表面有隆起的中脉，下表面中脉两侧的白粉气孔带与绿色边带等宽或近等宽。雌雄异株；雄球花排成穗状；雌球花单生于新枝的苞腋或叶腋，胚珠单生，花梗较长，扁四棱形。种子椭圆形或卵圆形，下垂，长2~2.5厘米。

生境 海拔500~1400(~1800)米的树林中，分布点较集中的地方为中亚热带和南亚热带的山地。

分布 杉木河畔、塘头及黑冲附近有穗花杉群落，贵州东北部有分布记录。

用途 根皮可入药，有止痛生肌的药效，主治骨折、跌打损伤等。

三白草科　Saururaceae

12. 裸蒴　*Gymnotheca chinensis*

形态　多年生草本，无毛；茎纤细，匍匐，长30~65厘米。叶纸质，无腺点，叶片肾状心形，长3~6.5厘米，宽4~7.5厘米；叶柄与叶片近等长；托叶膜质，与叶柄边缘合生，基部抱茎。花序单生，长3.5~6.5厘米；花序轴压扁；苞片倒披针形，长约3毫米；花柱线形花期4~11月。

生境　沟边湿地、林中阴湿地、山谷和山坡路边。

分布　白沙井一带有分布。

用途　全草入药，内服可消肿利尿，治疗肺虚久咳、小便淋痛、水肿和带下等病，外用可治疗跌打损伤。

13. 鱼腥草　*Houttuynia cordata*

形态　多年生草本，高20~80厘米。叶互生，顶端有淡黄绿色穗状花序。两性花，白色似花片的构造为大型总苞片，长在花序基部，花期5~7月，果期7~10月。

生境　阴湿处或山涧边，常在野地、路旁和庭园树下等较阴湿的地方大片蔓生。

分布　施秉地区有广泛分布。

用途　在中国西南地区称其为"折耳根"，根茎或叶子可做蔬菜食用。中医认为其具有清热解毒的功能，用于治疗痰热喘咳、热淋和热痢等病症，还可用于生产鱼腥草注射液，是治肺痈之要药。

金粟兰科　Chloranthaceae

14. 宽叶金粟兰　*Chloranthus henryi*

形态　多年生草本，高40~65厘米；根状茎粗壮，黑褐色，有多数细长的棕色须根；茎直立，有6~7个明显的节。叶对生，通常4片生于茎上部，纸质，边缘具锯齿，齿端有一腺体。托叶小，钻形。穗状花序顶生，花白色；雄蕊3；子房卵形，无花柱，柱头近头状。核果球形。花期4~6月，果期7~8月。

生境　海拔750~1900米的林下阴湿地或灌丛中。

三白草科 金粟兰科 荨麻科

分布 黑冲等地有分布。

用途 全草可入药,具舒筋活血、消肿止痛的功效,主治风湿麻痹、风寒咳嗽、肢体麻木和毒蛇咬伤等,有毒。

15. 草珊瑚 *Sarcandra glabra*

形态 常绿半灌木,高50~120厘米;茎与枝均有膨大的节。叶革质,顶端渐尖,边缘具粗锐锯齿,齿尖有一腺体,两面均无毛;叶柄基部合生成鞘状;托叶钻形。穗状花序顶生,苞片三角形;花黄绿色;雄蕊肉质;子房无花柱。核果球形。花期6月,果期8~10月。

生境 沟谷林下阴湿处,适宜温湿气候,忌强光,喜腐殖质层深厚、肥沃的微酸性的土壤。

分布 两岔河有野生分布。

用途 全草可入药,具抗菌消炎、清热解毒、祛风除湿和活血止痛的功效,主治脓肿、口腔炎、急性阑尾炎、风湿麻痹、跌打损伤和骨折等。

荨麻科 Urticaceae

16. 矮冷水花 *Pilea peploides*

形态 一年生草本。无毛小草本,茎肉质分枝。叶对生;叶片圆菱形或菱状扇形,长0.4~1.6厘米,宽0.5~2厘米,叶上表面钟乳体密,下表面生暗紫色或褐色腺点,脉不明显。雌雄同株;花序长达7毫米,分枝多而密;雄花少数,花被片4,雄蕊4。瘦果卵形,扁而光滑。

生境 生于海拔200~950米的山坡石缝阴湿处或长苔藓的石上,山谷石边或山坡草地。

分布 云台山有野生分布,贵州东部有分布记录。

用途 全草可入药,具清热解毒、利尿的功效,用于治疗扁桃体炎、子宫颈炎等。

17. 花叶冷水花 *Pilea cadierei*

形态 多年生无毛草本,或半灌木。具匍匐根茎,茎肉质,高15~40厘米。叶多汁,倒卵形,长2.5~6厘米,宽1.5~3厘米,叶上表面中央有2条间断的白斑,下表面淡绿色,基出脉3条,其侧生2条稍弧曲,伸达上部与邻近的侧脉环结;叶柄长0.7~1.5厘米;托叶草质,长圆形,长1~1.3厘米,早落。雌雄异株;雄花序头状,常成对生于叶腋。雄花倒梨形,长约2.5毫米,梗长2~3毫米,雄花被片,雄蕊4;退化雌蕊不明显,雌花长约1毫米,雌花被片4,近等长,略短于子房。花期9~11月。

生境 喜阴、耐肥、耐湿,喜温暖且排水良好的砂质土壤,生长健壮,抗病虫能力强。

分布 云台山有野生分布。

用途 全草可入药,具有清热解毒、利尿等药效。

18. 花点草 *Nanocnide japonica*

形态 多年生草本。茎短根状,长4.5~30厘米,疏生短伏毛。叶互生,长0.7~5厘米,宽1~4厘米,边缘有圆齿,两面疏生短柔毛和少数螫毛;叶柄长0.3~2厘米。花序生于茎上部叶腋;雄花序常具长梗,雄花花被片5,雄蕊5;雌花序分枝短而密集,雌花花被片4,柱头画笔头状。

生境 山谷石边或山坡草地。

分布 分布于黑冲、云台山等地。

用途 全草可入药,性温,治疗咳嗽及痰血。

19. 毛花点草 *Nanocnide lobata*

形态 多年生草本。茎柔软,铺散丛生,自基部分枝,长17~40厘米,常半透明。叶膜质,互生长1.5~2厘米,宽1.3~1.8厘米,边缘每边具4~7枚不等大的粗齿,基出脉3~5条;托叶膜质,卵形。雄花序常生于枝上部叶腋,具短梗,长5~12毫米;雌花序为团聚伞花序,直径3~7毫米。雄花淡绿色;花被4~5深裂;雄蕊4~5,长2~2.5毫米;雌花长1~1.5毫米;花被片绿色,不等4深裂,近舟形。瘦果卵形且扁,褐色,有疣点状突起。花期4~6月,果期6~8月。

生境 林间、草地、岩石和溪边的阴湿处。

分布 黑冲、云台山有分布。

用途 全草可入药,清热解毒,可治肺病、咳嗽、疮毒及烧伤。

20. 大蝎子草 *Girardinia diversifolia*

形态 多年生高大草本。茎下部常木质化,高达2米,具5棱,生刺毛和细糙毛,多分枝。叶片长、宽均为8~25厘米,边缘有不规则的牙齿或重牙齿,上表面疏生刺毛和糙伏毛,基生脉3条;叶柄长3~15厘米;托叶大,长圆状卵形。雌雄异株或同株,雌花序生于上部叶腋,雄花序生于下部叶腋。雄花近无梗,花被片4,卵形,内凹。雌花长约0.5毫米;子房狭长圆状卵形。瘦果近心形,稍扁,熟时变棕黑色。花期9~10月,果期10~11月。

生境 山谷、溪旁、山地林边和疏林下,生于低山,丘陵山坡向阳处及草丛中。

分布 黑冲、云台山及施秉县城附近均有分布。

用途 全草可入药,具有利气化痰、清热解毒、祛风解表等药效,主治胸闷痰多、伤风咳嗽和皮肤瘙痒等。

21. 荨麻 *Urtica fissa*

形态 多年生草本。茎高60~100厘米,生螫毛和反曲的微柔毛。叶对生,叶片宽卵形或近五角形,长、宽均为5~12厘米,先端渐尖,基部圆形或浅心形,近掌状浅裂,裂片三角形,有不规则牙齿,叶下表面生微柔毛,沿脉生螫毛;叶柄长1~7厘米;托叶合生,卵形。雌雄同株或异株;雄花序在雌雄同株时生于雌花序之下;雄花直径约2.5毫米,花被片4;雌花序较短,分枝极短;雌花小,长约0.4毫米,柱头画笔头状。

生境 喜阴植物,生命旺盛,生长迅速,对土壤要求不严,喜温喜湿,生长于山坡、路旁或住宅旁边半阴湿处。

分布 云台山和塘头有野生分布。

用途 全草可入药,能祛风通络,可用于治疗荨麻疹。地上的嫩茎及嫩叶可食用,营养丰富。

22. 糯米团 *Gonostegia hirta*

形态　多年生草本。茎长50~160厘米，上部带四棱形，有短柔毛。叶对生；叶柄长1~4毫米；托叶钻形，长约2.5毫米。团伞花序腋生，通常两性，雌雄异株，直径2~9毫米；苞片三角形，长约2毫米。雄花花梗长1~4毫米；花蕾直径约2毫米，在内折线上有稀疏长柔毛；花被片5，倒披针形；雄蕊5，花药长约1毫米；退化雌蕊极小，圆锥状，雌花花被片菱状狭卵形。瘦果卵球形，有光泽。花期5~9月。

生境　多生长于草原、稻田边、灌丛中、林中、山谷、山坡、水边及周边阴湿地。

分布　施秉广布。

用途　带根全株入药，具有利湿消肿、清热解毒、健脾消积和散瘀止血等功效，主治带下水肿、肿毒、痢疾、消化不良、痛经、咳血和吐血等。

23. 石筋草 *Pilea plataniflora*

形态　一年生草本，草本无毛。茎肉质，高5.5~50厘米，不分枝或分枝。叶对生；叶片狭卵形或卵形，长1.2~12厘米，宽0.7~4.5厘米，基部圆形，稍斜，全缘，上表面钟乳体密生，基出脉3条；叶柄长0.5~6.5厘米。雌雄异株，稀同株，花序具细梗；雄花直径约1.6毫米，花被片4，狭倒卵形，雄蕊4；雌花花被片3，不等大，长约0.3毫米，柱头画笔头状。瘦果卵形且扁，长约0.8毫米，生疣状突起。

生境　海拔200~2400米的半阴坡路边灌丛中石上或石缝内，有时生于疏林下湿润处。

分布　云台山有野生分布。

用途　全草可入药，具有舒筋活络、利尿和解毒等药效，可治疗手足麻木、小便不利、痢疾、疮疡肿毒和烫伤等。

24. 水麻　*Debregeasia orientalis*

形态　灌木，高可达1~4米，小枝纤细，暗红色。叶边缘有锯齿，上表面暗绿色，常有泡状隆起，下表面被白色或灰绿色毡毛，基出脉3条，其侧出2条达中部边缘，各级脉在下表面突起；叶柄短；托叶披针形。雌雄异株，稀同株；雄花花被片4，雄蕊4，在基部密生雪白色绵毛；雌花倒卵形，柱头画笔头状，从一小圆锥体上生出一束柱头毛。瘦果小浆果状，倒卵形，宿存花被肉质紧贴于果实。花期3~4月，果期5~7月。

生境　分布于海拔700~1600米的潮湿地，溪边、河流边多见。

分布　广泛分布于施秉县城、白垛、马溪和黑冲等地。

用途　茎、皮和叶可入药，能清热利湿、止血解毒，治疗小儿疳积、风湿关节痛和痈疖肿毒等。

25. 条叶楼梯草　*Elatostema sublineare*

形态　多年生草本。茎高15~25厘米，不分枝，被开展的白色长柔毛和锈色圆形小鳞片。叶无柄；叶片草质，上面有疏柔毛，下面沿脉有开展的白色长柔毛，钟乳体明显，叶脉羽状；托叶膜质。花序雌雄异株或同株，单生叶腋。雄花序有多数花，花序托不明显，苞片6；雄花花被片4~5，椭圆形，雄蕊4~5，小苞片密集，条形或匙状条形；雌花有短梗，花被不明显，子房卵形，光滑。瘦果椭圆状卵球形，约有8条纵肋。花期3~5月。

生境　海拔1000~2800米的山地林下、石上或水沟边。

分布　黑冲有分布。

用途　全草带根茎可入药，具有清热利湿、活血消肿、清肝解毒等药效，主治跌打伤肿、骨折、风湿红肿和火眼等症状。

26. 小叶楼梯草　*Elatostema parvum*

形态　多年生草本。茎直立或渐升，高8~30厘米，下部常卧地生根，密被反曲的糙毛。叶片草质，边缘在基部之上有锯齿，下表面沿中脉及下部侧脉被短糙毛，钟乳体明显而密。花序雌雄同株或异株。雄花序无梗，近

球形，直径3~5毫米，有2~15朵花，花序托不明显，苞片2~4；雄花有细梗，花被片5，椭圆形；雄蕊5。雌花序无梗，宽椭圆形，有多数密集的花；花序托小，周围有多数长1~1.5毫米狭披针形或钻形苞片；雌花花被片近条形，长约0.7毫米。瘦果狭卵球形，有少数纵肋。花期7~8月。

生境 海拔1000~2800米的山地林下、石上或水沟边。

分布 施秉云台山有野生分布，贵州西南部也有分布。

用途 全草可入药，具有清热利湿、活血消肿的药效。

27. 庐山楼梯草 *Elatostema stewardii*

形态 多年生草本。茎肉质，高25~50厘米，通常不分枝。叶无柄，叶互生，基部一侧楔形，边缘通常在中部以上有锯齿，侧脉约有6对，钟乳体细小，长2~3毫米；托叶钻状三角形。雌雄异株；雄花序托近圆形，直径达1厘米，具短柄；雄花直径约2.5毫米，花被片5，雄蕊5。雌花序托常无柄；苞片狭椭圆形，有纤毛。瘦果狭卵形。

生境 海拔580~1400米的山谷溪边或林下。

分布 两岔河有分布。

用途 全草入药，具有活血祛瘀、消肿解毒和止咳的药效，主治扭伤、骨折、流行性腮腺炎、闭经和咳嗽等。

28. 序叶苎麻 *Boehmeria clidemicides var. diffusa*

形态 多年生草本或亚灌木。茎高0.9~3米，不分枝或有少数分枝，上部密被短伏毛。叶互生，有时茎下部少数叶对生。瘦果近卵形，为花被管所包。花果期：8~10月。

生境 山坡灌丛或溪边潮湿地。

分布 黑冲有分布。

用途 全草入药，可祛风除湿，主治风湿麻痹。

杨柳科　Salicaceae

29. 紫柳　*Salix wilsonii*

形态　落叶乔木，高可达13米。叶长4~6厘米，宽2~3厘米，幼叶常为红色，上表面绿色，下表面苍白色；叶柄长7~10毫米，有短柔毛；托叶早落。花与叶同时开放。花序梗长1~2厘米；雄花序长2.5~6厘米，盛开时花序轴密生白柔毛；雄蕊3~6，苞片椭圆形；雄花有背腺和腹腺。雌花序长2~4厘米，粗约5毫米；花序轴有白柔毛；子房无毛，有长柄，无花柱，柱头短。蒴果卵状长圆形。花期3月底至4月上旬，果期5月。

生境　平原及低山地区的水边堤岸上，适应性强、耐干旱，但多生于水湿环境。

分布　杉河畔有分布。

用途　根皮入药，具有活血化瘀、祛风除湿等药效，主治风湿性关节痛和头疼等。

胡桃科　Juglandaceae

30. 胡桃　*Juglans regia*

形态　乔木。树干在同属植物中较矮，树冠广阔。树皮幼时为灰绿色，老时则为灰白色而纵向浅裂；小枝光泽无毛。奇数羽状复叶长25~30厘米；小叶通常5~9枚，基部歪斜、近圆形，上表面深绿色，无毛，下表面淡绿色。雄性葇荑花序下垂，雄花的苞片、小苞片及花被片均被腺毛；花药黄色。雌花的总苞片被极短腺毛，柱头浅绿色。果序短，果实近球状，果核稍具皱曲，有2条纵棱，顶端具短尖头。花期5月，果期10月。

生境　海拔400~1800米的山坡及丘陵地带，我国平原及丘陵地区有栽培，喜肥沃湿润的沙质土壤，常见于山区河谷两旁土层深厚的地方。

分布　施秉各地均有栽培。

用途　根及核桃仁可入药。根具有止泻、止痛等药效，主治腹泻、牙痛等。核桃仁具有温肺定喘、润肠通便、补肾益精等药效，主治阳痿、腰痛脚软等。

31. 圆果化香树　*Platycarya longipes*

形态　落叶小乔木，高5~10米；枝条无毛，具椭圆形皮孔。奇数羽状复叶长8~15厘米；小叶基部中脉两侧各具1丛锈褐色毡毛，侧脉在叶下表面隆起，边缘有细锯齿。花序束生于枝条顶端，位于顶端中央的为两性花序，位于下方的为雄花序。雄花苞片卵状披针形，顶端渐尖并向外弯曲，雄蕊8。雌花苞片卵状披针形，质硬。果序球果状，球形，苞片椭圆形且呈覆瓦状排列，顶端急尖；果实小坚果状，近圆形，长、宽均约3毫米。花期5月，果期7月。

生境　海拔450~800米的山顶或林中。

分布　云台山及黑冲附近有分布。

用途　叶入药，具有清热解毒、杀虫止痒的药效，主治顽癣等。

壳斗科　Fagaceae

32. 栗　*Castanea mollissima*

形态　高达20米的乔木，胸径80厘米，小枝灰褐色。叶椭圆至长圆形，长11~17厘米，宽达7厘米；叶柄长1~2厘米。雄花序长10~20厘米，花序轴被毛；花3~5朵聚生成簇。成熟壳斗的长短不等的锐刺，密时全遮蔽壳斗外壁，疏时外壁可见。坚果高1.5~3厘米，宽1.8~3.5厘米。花期4~6月，果期8~10月。

生境　海拔100~2500米的低山丘陵、缓坡及河滩等地带。

分布　施秉各地有分布。

用途　栗子富含淀粉、糖类、胡萝卜素、核黄素、尼克酸、抗坏血酸、蛋白质和脂肪等营养物质，叶可做蚕饲料。

壳斗科 榆科 桑科

榆科　Ulmaceae

33. 榆树　*Ulmus pumila*

形态　落叶乔木，高达25米，胸径1米；幼树树皮平滑，大树树皮不规则深纵裂。叶先端渐尖或长渐尖，叶面平滑无毛，边缘具重锯齿或单锯齿。花先叶开放。翅果通常近圆形，顶端缺口柱头面被毛，宿存花被无毛，浅裂4，果梗长1~2毫米，被短柔毛。

生境　海拔1000~2500米的山坡、山谷和丘陵等处。

分布　塘头有分布。

用途　树皮磨成粉后，可掺合面粉食用；幼嫩翅果与面粉混拌可蒸食；树皮、叶及翅果均可入药。

桑科　Moraceae

34. 构树　*Broussonetia papyifera*

形态　乔木，高10~20米；小枝密生柔毛。叶螺旋状排列，先端渐尖，基部心形，边缘具粗锯齿，不分裂或3~5裂；基生叶脉3出；叶柄密被糙毛，托叶大，卵形。雌雄异株；雄花序为柔荑花序，粗壮，苞片披针形，被毛；雌花序球形头状，苞片棍棒状，顶端被毛，子房卵圆形，柱头线形，被毛。聚花果直径1.5~3厘米，成熟时橙红色，肉质。花期4~5月，果期6~7月。

生境　喜光，适应性强。多生于石灰岩山地，也能生长在酸性土壤及中性土壤上。

分布　云台山有野生分布，施秉县城、马溪、杨柳塘和白垛等地有栽培。

用途　根皮、树皮、乳液、叶、果实及种子可入药。春冬采根皮、树皮，鲜用或阴干；夏秋采乳液、叶、果实及种子。果实与根共入药，具有补肾、利尿等药效。

015

35. 无花果 *Ficus carica*

形态 落叶灌木，高3~10米，多分枝；树皮灰褐色，皮孔明显；小枝直立，粗壮。叶互生，厚纸质，广卵圆形，长、宽近相等，10~20厘米，通常3~5裂，小裂片卵形，边缘具不规则钝齿，背面密生细小钟乳体及灰色短柔毛，基部浅心形，基生侧脉3~5条，侧脉5~7对；叶柄粗壮；托叶卵状披针形，长约1厘米，红色。雌雄异株，雄花和瘿花生于同一榕果内壁，雄花生内壁口部，花被片4~5，雄蕊3（有时1或5），瘿花花柱侧生而短；雌花花被与雄花同，子房卵圆形，光滑，花柱侧生，柱头2裂，线形。榕果单生叶腋，大而梨形，顶部下陷，成熟时紫红色或黄色，基生苞片卵形。花果期5~7月。

生境 喜温暖湿润气候，耐瘠、抗旱，不耐寒且不耐涝。

分布 施秉县城有栽培。

用途 新鲜幼果及叶可治疗痔疮且效果良好。榕果可食或作蜜饯，也可药用。

36. 狭叶天仙果 *Ficus erecta var. beecheyana f. koshunensis*

形态 大型落叶灌木，高3~4米，叶长圆状披针形，表面粗糙，被白色粗长柔毛。榕果近球形，被白色长柔毛，直径1~1.2厘米，顶生苞片红色，基部缢缩为柄；果梗长1~1.5厘米。

生境 生于山坡林下或溪边。

分布 云台山有分布，贵州雷山、榕江也有分布。

用途 根可入药，能祛风化湿。

37. 苹果榕 *Ficus oligodon*

形态 小乔木，高5~10米。胸径10~15厘米，树皮灰色，平滑；树冠宽阔；幼枝略被柔毛。叶互生，纸质，表面无毛，有4~5对侧脉在背面隆起，近基部的一对与其他侧脉相距较远；叶柄长4~6厘米；托叶卵状披针形，早落。榕果簇生于老茎发出的短枝上，表面有4~6条纵棱和小瘤体，被微柔毛，成熟时深红色。雄花具短柄；雌花具短柄，花被3裂。瘦果倒卵圆形，光滑。花期9月至次年4月，果期5~6月。

生境 低海拔山谷、沟边及湿润土壤地区，性喜阴湿，但在干燥土中也能生长。

分布 云台山有野生分布。

用途 果实成熟时为深红色，味甜可食。

38. 聚果榕 *Ficus racemosa* var. *racemosa*

形态 乔木，高达25~30米，胸径60~90厘米，平滑，幼枝嫩叶和果被平贴毛。叶薄革质，基生叶脉3出；叶柄长2~3厘米；托叶卵状披针形，膜质，外面被微柔毛。榕果常聚生于老茎瘤状短枝上，梨形。雄花花被片3~4，雄蕊2；瘿花和雌花有柄，花被线形，先端有3~4齿。成熟榕果为橙红色。花期5~7月。

生境 喜潮湿地带，常见于河畔、溪边。

分布 云台山有分布；据标本记录，贵州南盘江一带、安龙和罗甸等地有野生分布。

用途 榕果成熟时味甜可食用。

39. 地果 *Ficus tikoua*

形态 匍匐木质藤本，节膨大；幼枝高达30~40厘米。叶坚纸质，先端急尖，边缘具波状疏浅圆锯齿，表面被短刺毛，背面沿脉有细毛；叶柄长1~2厘米；托叶披针形，被柔毛。榕果成对或簇生于匍匐茎上，常埋于土中，球形至卵球形，成熟时深红色，表面多圆形瘤点，基生苞片3，细小。雄花无柄，花被片2~6，雄蕊1~3；雌花有短柄，无花被，有黏膜包被子房。瘦果卵球形，表面有瘤体。花期5~6月，果期7月。

生境 喜生长在荒地、草坡或岩石缝里，生长海拔不高。

分布 在施秉地区有野生分布，贵州纳雍有标本记录。

用途 全株可入药，具有清热利湿、活血通络和解毒消肿等药效，主治肺热咳嗽、痢疾、水肿和风湿疼痛等。

40. 变叶榕 *Ficus variolosa*

形态 灌木或小乔木，光滑，高3~10米，树皮灰褐色；小枝节间短。叶薄革质，基部楔形，全缘；托叶长三角形。榕果球形，表面有瘤体；瘿花子房球形；雌花花被片3~4，子房肾形，花柱侧生，细长。瘦果表面有瘤体。花期12月至翌年6月。

生境 平原或海拔200~1800米的山地、丘陵及疏林中，常见于溪边林下潮湿处。

分布 云台山有分布。

用途 茎可入药，能清热利尿；叶外敷可治跌打损伤；根具有补肝肾、强筋骨和祛风湿等药效。

41. 粗叶榕 *Ficus hirta*

形态 落叶灌木或小乔木，小枝、叶和榕果均被金黄色开展的长硬毛。叶互生，纸质，多型，边缘具细锯齿，基部圆形，基生脉3~5条；托叶膜质，红色，被柔毛。榕果膜质，红色，被柔毛。雄花有柄，卵球形，花被片4，披针形，红色；瘿花花被片与雌花同数，子房球形，光滑，花柱侧生，柱头漏斗形；雌花生于雌株榕果内，基生苞片早落，花被片4，果球形。瘦果椭圆球形，表面光滑。

生境 常见于村寨附近旷地或山坡林边，或附生于其他树干。

分布 塘头有分布。

用途 根、茎全年可采、鲜用或晒干。根及果入药，具有祛风湿和益气固表的药效。

42. 黄葛树 *Ficus virens var. sublanceolata*

形态 落叶或半落叶乔木，有板根或支柱根，板根可延伸至数十米深处；支柱根形成的树干，胸径可达3~5米。叶近披针形，先端渐尖，背面突起，网脉稍明显。雄花、瘿花和雌花生于同一榕果内；雄花少数，花被片4~5，披针形，雄蕊1；瘿花具柄，花被片3~4。榕果无总梗。花果期4~7月。

生境 喜光，有气生根。生于疏林中或溪边湿地，为阴性树种，常生于海拔800~2200米。

分布 杉木河畔有分布。

用途 根入药，具有祛风除湿、清热解毒的药效，主治风湿骨痛、感冒、扁桃体炎和眼结膜炎；叶入药，能消肿止痛，外用治跌打肿痛。

43. 异叶榕 *Ficus heteromorpha*

形态 落叶灌木或小乔木，高2~5米；树皮灰褐色；小枝节短。叶多形，表面略粗糙，背面有细小钟乳体，红色；叶柄长1.5~6厘米，红色；托叶披针形，长约1厘米。榕果常成对生于短枝叶腋，光滑，成熟时为紫黑色。雄花和瘿花生于同一榕果中；雄花花被片4~5，匙形，雄蕊2~3；瘿花花被片5~6，子房光滑；雌花花被片4~5。瘦果光滑。花期4~5月，果期5~7月。

生境 山谷、坡地及林中。

分布 云台山有分布。

用途 全株入药，具有活血、解毒、祛风除湿和化痰止咳等药效，主治跌打损伤、毒蛇咬伤和风湿麻痹等。榕果成熟可食或作果酱。

44. 长柄爬藤榕 *Ficus sarmentosa*

形态 藤状匍匐灌木，小枝有明显皮孔。叶椭圆状披针形，先端渐尖为尾状，基部楔形，背面黄褐色；叶柄粗壮。榕果腋生，球形，表面疏生瘤状体，总梗短。

生境 常攀援于树上、岩石上或陡坡峭壁及屋墙上。

分布 两叉河有分布。

用途 根、茎可入药，有祛风除湿、行气活血之效。

45. 竹叶榕 *Ficus stenophylla*

形态 小灌木，高1~3米。小枝散生灰白色硬毛，节间短。叶纸质，先端渐尖，表面无毛，背面有小瘤体，全缘背卷；托叶披针形，红色，无毛。榕果椭圆状球形，表面稍被柔毛，成熟时深红色，顶端脐状突起，基生苞片宿存。雄花和瘿花同生于雄株榕果中，雄花有短柄，花被片3~4，红色；瘿花具柄，花被片3~4，子房球形；雌花生于另一植株榕果中，花被片4，线形。瘦果透镜状。花果期5~7月。

生境 常生于海拔160~1300米的沟旁或堤岸边或溪边潮湿处。

分布 施秉县城、白沙井附近有分布，贵州松桃、榕江、独山和安龙也有分布记录。

用途 全株入药，具有祛痰止咳、祛风除湿和活血消肿等药效，主治咳嗽胸痛、风湿骨痛和跌打损伤等。

46. 葎草 *Humulus japonicus*

形态 缠绕草本，茎、枝和叶柄均具倒钩刺。叶纸质，肾状五角形，掌状5~7深裂，基部心形，表面疏生糙伏毛，背面有柔毛和黄色腺体，边缘具锯齿。雄花小，黄绿色，圆锥花序；雌花序球果状；子房为苞片包围，柱头2。瘦果成熟时露出苞片外。花期春夏，果期秋季。

生境 常生于沟边、荒地、废墟和林缘边。

分布 施秉县城、云台山、白垛乡和黑冲等地有分布。

用途 果穗可代啤酒花作酿啤酒原料。全草入药，具有清热解毒、利尿通淋等药效，主治肺热咳嗽、热淋和湿热泻痢等。

桑寄生科 Loranthaceae

47. 贵州桑寄生 *Loranthus guizhouensis*

形态 落叶灌木，高0.5~1米，全株无毛。茎常呈二歧分枝，小枝暗黑色。叶对生，基部楔形，稍下延。穗状花序顶生，花两性，淡青色；花托卵球形；花瓣6，披针形；花柱柱状，稍呈六棱。果卵球状，淡青色，果皮平滑。花期5月，果期7~8月。

生境 生于海拔200~1400米的平原或低山常绿阔叶林中，常寄生于小叶青冈等栎属植物上。

分布 黑冲附近有分布，模式标本采自贵州平坝。

用途 可药用，叶中含黄酮类化合物，苦甘、可入药，补肝肾、强筋骨、除风湿、通经络益血。

马兜铃科 Aristolochiaceae

48. 背蛇生 *Aristolochia tuberosa*

形态 草质藤本，全株无毛。块根呈不规则纺锤形，表皮有不规则皱纹；茎干后有纵槽纹。叶膜质，三角状心形，顶端钝，基部心形，两侧裂片圆形；基出脉5~7条；叶柄具槽纹。花单生或2~3朵聚生或排成短的总状花序；花梗纤细；花被基部膨大呈球形，向上收狭成一长管，管口扩大呈漏斗状；花药卵形，贴生于合蕊柱近基部。蒴果倒卵形，具6棱，基部常下延；果梗下垂；种子卵形，背面密被小疣点。花期11月至翌年4月，果期6~10月。

生境 海拔150~1600米的石灰岩山上或山沟两旁灌丛中。

分布 云台山有分布。

用途 根入药、药性苦、辛、寒，有小毒，有消炎消肿、清热解毒和散血止痛的药效，民间用于治疗胃炎、胃溃疡等。

49. 管花马兜铃 *Aristolochia tubiflora*

形态　草质藤本。根圆柱形，细长，内面白色。茎无毛，干后有槽纹，嫩枝、叶柄折断后渗出微红色汁液。叶顶端钝而具凸尖，两侧裂片下垂，边全缘，常密布小油点；基出脉7条，叶脉干后常呈红色。花单生或2朵聚生于叶腋；花梗纤细；花基部膨大呈球形，向上收狭成一长管，管口扩大呈漏斗状；花药卵形；子房圆柱形。蒴果长圆形；果梗常随果实开裂成6条；种子卵背面凸起，具疣状突起小点，中间具种脊。花期4~8月，果期10~12月。

生境　海拔100~1700米的林下石灰岩山坡阴湿处。

分布　云台山有分布，也产于贵州三都。

用途　根入药，具有清热解毒和止痛等药效，主治胃痛、毒蛇咬伤。全株入药，可用于跌打损伤。

50. 马兜铃 *Aristolochia debilis*

形态　草质藤本。根圆柱形，外皮黄褐色；茎柔弱，无毛，有腐肉味。叶纸质，顶端钝圆或短渐尖，基部心形，两侧裂片圆形；基出脉5~7条，邻近中脉的两条侧脉平行向上，其余向侧边延伸，各级叶脉在两面均明显；叶柄柔弱。花单生或2朵聚生于叶腋；花被基部膨大呈球形，与子房连接处具关节，向上收狭成一长管，管口扩大呈漏斗状，外面无毛，内面有腺体状毛；花药卵形；子房圆柱形，具6棱。蒴果近球形，顶端圆形而微凹，具6棱；果梗常撕裂成6条；种子扁平或钝三角形。花期7~8月，果期9~10月。

生境　海拔200~1500米的山谷、沟边、路旁阴湿处及山坡灌丛中。

分布　云台山有分布。

用途　茎、叶称天仙藤，具有行气止血、止痛和利尿等药效；果有清热降气、止咳平喘之功效；根有小毒，具健胃、理气、止痛和降压的作用。

51. 地花细辛 *Asarum geophilum*

形态　多年生草本，全株散生柔毛；根状茎横走，根细长。叶基部心形，叶面散生短毛或无毛；叶柄密被黄棕色柔毛。花紫色；花梗有毛；花被裂片卵圆形、浅绿色，表面密生紫色点状毛丛，两面有毛；子房下位，具6棱，被毛；花柱合生，短于雄蕊，顶端6裂，柱头顶生，向外下延成线形。果卵状，棕黄色，直径约12毫米，具宿存花被。花期4~6月。

生境　海拔250~700米的密林下或山谷湿地。

分布　云台山及贵州南部有分布。

用途　根可入药，具有疏散风寒、宣肺止咳的药效，主治风寒感冒、鼻塞流涕、咳嗽和哮喘等。

52. 青城细辛　*Asarum splendens*

形态　多年生草本。根状茎横走；根稍肉质，直径2~3毫米。叶片先端急尖，基部耳状深裂或近心形，叶面中脉两旁有白色云斑，脉上和近边缘有短毛。花紫绿色；花被管浅杯状或半球状，膜环不明显，内壁有格状网眼，花被裂片宽卵形；雄蕊药隔伸出，钝圆形；子房近上位，柱头卵状。花期4~5月。

生境　海拔850~1300米的陡坡草丛或竹林下阴湿地。

分布　云台山有分布。

用途　全草可入药，具有消肿解毒、祛风散寒和化瘀止痛的药效，主治毒蛇咬伤、风寒感冒、风湿麻痹和咳喘等。

53. 尾花细辛　*Asarum caudigerum*

形态　多年生草本，全株被散生柔毛。根状茎粗壮，节间有多条纤维根。叶片基部耳状或心形，叶面深绿色，脉两旁偶有白色云斑，稀稍带红色，被较密的毛；叶柄有毛。花被绿色，被紫红色圆点状短毛丛；花梗长1~2厘米，有柔毛；花被裂片直立；子房下位，具6棱，花柱合生。果近球状，具宿存花被。花期4~5月。

生境　海拔350~1660米的林下、溪边和路旁阴湿地。

分布　云台山有分布。

用途　全草可入药，具有消肿止痛、温经散寒和化痰止咳等药效，主治头痛、咳喘、风湿痹痛、毒蛇咬伤和疮疡肿毒等。

54. 五岭细辛 *Asarum wulingense*

形态 多年生草本。根状茎短，根丛生，稍肉质而较粗壮。叶片常为长卵形或卵状椭圆形，叶面绿色，无毛，或侧脉和近叶缘处被短毛，叶背密被棕黄色柔毛；叶柄被短柔毛。花绿紫色；花梗被黄色柔毛；花被管圆筒状；花被裂片三角状卵形，基部有乳突皱褶区；药隔伸出，舌状；子房下位，花柱离生。花期12月至翌年4月。

生境 生于海拔1100米林下阴湿地。

分布 黑冲和云台山有分布。

用途 全草可入药，具有温经散寒、止咳化痰和消肿止痛等药效，主治胃痛、咳喘、烫伤和蛇咬伤等。

蓼科 Polygonaceae

55. 金线草 *Rubia membranacea*

形态 多年生草本。茎直立，高50~80厘米。根状茎粗壮。叶椭圆形或长椭圆形，基部楔形，全缘，两面均具糙伏毛；叶柄长1~1.5厘米，具糙伏毛；托叶鞘筒状，膜质，褐色。总状花序呈穗状；花被4深裂，红色，卵形；雄蕊5；花柱2，宿存，伸出花被之外。瘦果卵形，双凸镜状，有光泽，包于宿存花被内。花期7~8月，果期9~10月。

生境 海拔100~2500米的疏林、林缘、灌丛或草地上，以及山坡边缘、山谷路旁。

分布 云台山及黑冲等地有分布。

用途 茎与叶可入药，具有清热利湿、凉血止血和散瘀止痛等药效，主治咳血、吐血、血崩、经期腹痛和跌打损伤等。

56. 萹蓄 *Polygonum aviculare*

形态 一年生草本，高10~40厘米，自基部多分枝，具纵棱。叶基部楔形，边缘全缘，两面无毛，下表面侧脉明显；叶柄基部具关节；托叶鞘膜质，下部褐色，上部白色，撕裂脉明显。花单生或数朵簇生于叶腋，遍布于植株；苞片薄膜质；花梗细，顶部具关节；花被5深裂；雄蕊8；花柱3。瘦果卵形，具3棱，密被由小点组成的细条纹，无光泽。花期5~7月，果期6~8月。

生境 海拔10~4200米的田边、沟边湿地。

蓼科

分布 施秉地区广泛分布。

用途 全草入药,具有利尿通淋、杀虫止痒等药效,主治小便不利、皮肤湿疮、泻痢和钩虫病等。

57. 水蓼 *Polygonum hydropiper*

形态 一年生草本,高40~70厘米。茎直立,多分枝,无毛,节部膨大。叶顶端渐尖,基部楔形,全缘,两面无毛,被褐色小点,具辛辣味;托叶鞘筒状,膜质,褐色,通常托叶鞘内藏有花簇。总状花序呈穗状,花稀疏,下部间断;苞片漏斗状,绿色,边缘膜质;花被绿色,被黄褐色透明腺点,花被片椭圆形;雄蕊6;花柱2~3。瘦果卵形,密被小点,黑褐色,无光泽,包于宿存花被内。花期5~9月,果期6~10月。

生境 海拔50~3500米的河滩、水沟边和山谷湿地。

分布 杉木河及施秉县城附近有分布。

用途 植物的根(水蓼根),果实(蓼实)亦可供药用,有消肿解毒、利尿和止痢等药效,也可为兽药。

58. 尼泊尔蓼 *Polygonum nepalense*

形态 一年生草本。茎自基部多分枝,高20~40厘米;茎下部叶卵形或三角状卵形,顶端急尖,基部宽楔形,沿叶柄下延成翅。叶柄长1~3厘米,或近无柄,抱茎;托叶鞘筒状,膜质,淡褐色,顶端斜截形,基部具刺毛。花序头状,顶生或腋生,花序梗细长,上部具腺毛;苞片卵状椭圆形;花被通常4裂,花被片长圆形,顶端圆钝;花柱2,柱头头状。瘦果宽卵形,黑色,密生洼点,无光泽,包于宿存花被内。花期5~8月,果期7~10月。

生境 喜阴湿,生于海拔1600~3600米的菜地,玉米地及水边、田边、路旁湿地或林下、亚高山和中山草地、疏林草地。

分布 施秉县城附近及黑冲有分布。

用途 全草入药,具有清热解毒、除湿通络等药效,主治咽喉肿痛、风湿麻痹和目赤等。

59. 酸模叶蓼 *Polygonum lapathifolium*

形态 一年生草本，高40~90厘米。茎直立分枝，无毛，节部膨大。叶全缘，披针形或宽披针形，基部楔形，上表面常有一个大的黑褐色新月形斑点，两面沿中脉被短硬伏毛；叶柄短，具短硬伏毛；托叶鞘筒状，膜质，淡褐色。总状花序呈穗状，近直立，花紧密，花序梗被腺体；苞片漏斗状；花被片椭圆形；雄蕊6。瘦果宽卵形，双凹，长2~3毫米，黑褐色，有光泽，包于宿存花被内。花期6~8月，果期7~9月。

生境 海拔30~3900米的田边、路旁、水边、荒地或沟边湿地。

分布 黑冲有分布。

用途 全草入中药，味辛、性湿，具利湿解毒、散瘀消肿、止痒功能。果实为利尿药，主治水肿和疮毒。

60. 火炭母 *Polygonum chinense*

形态 多年生草本，茎直立，高70~100厘米，具纵棱，多分枝，基部近木质，根状茎粗壮。叶卵形或长卵形，顶端短渐尖，全缘，下部叶具叶柄，上部叶近无柄或抱茎；托叶鞘膜质，无毛，具脉纹。花序头状，通常数个排成圆锥状；苞片宽卵形，每苞片内具1~3花；花被5深裂；雄蕊8；花柱3，中下部合生。瘦果宽卵形，具3棱，黑色无光泽，包于宿存的花被。花期7~9月，果期8~10月。

生境 海拔30~2400米的山谷湿地和山坡草地。常生于山谷、水边、湿地。

分布 云台山有分布。

用途 全草入药，具有清热解毒、利湿消滞和凉血止痒等药效。

蓼科

61. 红蓼 *Polygonum orientale*

形态 一年生草本，高1~2米。茎直立而粗壮，密被开展的长柔毛。叶全缘，顶端渐尖；两面密生短柔毛，叶柄具开展长柔毛；托叶鞘筒状，膜质。总状花序呈穗状，顶生或腋生，花紧密，微下垂；苞片宽漏斗状，草质，绿色；花被5深裂，被片椭圆形；雄蕊7；花盘明显；花柱2，柱头头状。瘦果近圆形，双凹，黑褐色，有光泽，包于宿存花被内。花期6~9月，果期8~10月。

生境 野生或栽培，海拔30~2700米的沟边湿地、村边路旁。

分布 云台山有分布。

用途 地上部分入药，具有祛风利湿和活血止痛等药效，主治风湿性关节炎。

62. 蚕茧草 *Polygonum japonicum*

形态 多年生草本，高50~100厘米，根状茎横走。茎直立，淡红色，节膨大。叶披针形，近薄革质，坚硬，全缘；托叶鞘筒状，膜质。总状花序呈穗状，顶生，通常数个再聚成圆锥状；苞片漏斗状，绿色，每苞片内具3~6花；花梗长2.5~4毫米；雌雄异株，花被5深裂，花被片长椭圆形；雄蕊8，雄蕊比花被长；雌花花柱2~3，花柱比花被长。瘦果卵形，黑色，有光泽，包于宿存花被内。花期8~10月，果期9~11月。

生境 海拔20~1700米的路边湿地、水边及山谷草地，野生于水沟或路旁草丛中。

分布 云台山有分布。

用途 全草可入药，具有散寒、活血和止痢等药效。

63. 杠板归 *Polygonum perfoliatum*

形态 一年生攀援草本。茎攀援多分枝，长1~2米，具稀疏倒生皮刺的纵棱。叶三角形，薄纸质，上表面无毛，下表面沿叶脉疏生皮刺；叶柄与叶片近等长，具倒生皮刺，盾状着生于叶片的近基部；托叶鞘叶状，草质，绿色。总状花序呈短穗状，苞片卵圆形，每苞片内具花2~4朵；花被5深裂，被片椭圆形；雄蕊8；花柱3；柱头头状。瘦果球形，黑色，有光泽，包于宿存花被内。花期6~8月，果期7~10月。

生境 海拔80~2300米的田边、路旁和山谷湿地。

分布 云台山、黑冲等地有分布。

用途 性味酸、微寒。全草入药，具清热解毒、利尿消肿、止咳等药效。

64. 羊蹄 *Rumex japonicus*

形态 多年生草本。茎直立,高50~100厘米,上部分枝,具沟槽。托叶鞘膜质,易破裂。花序圆锥状,花两性;花梗细长,中下部具关节;花被片6。瘦果宽卵形,具3锐棱,两端尖,暗褐色,有光泽。花期5~6月,果期6~7月。

生境 海拔30~3400米的田边路旁、河滩和沟边湿地。

分布 施秉地区有分布。

用途 根入药,清热凉血,性味苦、酸、寒。具有清热解毒、止血、通便、杀虫的功效。

65. 酸模 *Rumex acetosa*

形态 多年生草本,高40~100厘米。根为须根。茎直立,具深沟槽。单叶互生、叶片质薄托叶鞘膜质,易破裂。花序狭圆锥状,顶生,分枝稀疏;花单性,雌雄异株;花被片6,成2轮,雄花内花被片椭圆形,外花被片较小,雄蕊6;瘦果椭圆形,具3锐棱,两端尖,黑褐色,有光泽。花期5~7月,果期6~8月。

生境 海拔400~4100米的山坡、林缘、沟边和路旁。

分布 施秉各地均有分布。

用途 全草入药,有凉血、解毒等药效。嫩茎和叶可作蔬菜及饲料。

66. 金荞麦 *Fagopyrum dibotrys*

形态 多年生草本,高50~100厘米。根状茎木质化,黑褐色。茎直立分枝,具纵棱,无毛。叶三角形,顶端渐尖,基部近戟形,边缘全缘;叶柄长达10厘米;托叶鞘筒状,膜质,褐色。花序伞房状,顶生或腋生;苞片卵状披针形,每苞片内具2~4花;花梗中部具关节;花被5深裂,白色,被片长椭圆形;雄蕊8,且比花被短;花柱3,柱头头状。瘦果宽卵形,具3锐棱,无光泽。花期7~9月,果期8~10月。

生境 海拔250~3200米的山谷湿地和山坡灌丛。

分布 云台山有分布。

用途 块根入药,具清热解毒、排脓去瘀等药效。有祛痰、抗炎、抗肿瘤等作用。

藜科

67. 虎杖 *Polygonum Cuspidatum*

形态 多年生草本。根状茎粗壮，横走。茎直立，高1~2米，粗壮，空心，具明显的纵棱。叶宽卵形或卵状椭圆形，近革质，顶端渐尖，全缘，两面无毛，沿叶脉具小突起；叶柄具小突起；托叶鞘膜质，偏斜，褐色，无毛，顶端截形，早落。花单性，雌雄异株，花序圆锥状腋生；苞片漏斗状，顶端渐尖，每苞片内具2~4花；花梗中下部具关节；花被5深裂，雄花花被片具绿色中脉，无翅，雌花花被片外面3片背部具翅，柱头流苏状。瘦果卵形，具3棱，黑褐色，有光泽，包于宿存花被内。花期8~9月，果期9~10月。

生境 海拔140~2000米的山坡灌丛、山谷、路旁和田边湿地。

分布 白塘村附近、黑冲等地有分布。

用途 根状茎入药，有活血、散瘀、止咳化痰、通经和镇咳等药效。

68. 何首乌 *Fallopia multiflora*

形态 多年生草本。块根肥厚，长椭圆形，黑褐色。茎缠绕分枝，具纵棱，无毛。叶卵形或长卵形，顶端渐尖，两面粗糙，全缘；托叶鞘膜质，偏斜，无毛。花序圆锥状，顶生或腋生，具细纵棱；苞片三角状卵形，具小突起，每苞片内具2~4花；花梗细弱，长2~3毫米，下部具关节；花被5深裂，被片椭圆形；柱头头状。瘦果卵形，具3棱，有光泽，包于宿存花被内。花期8~9月，果期9~10月。

生境 海拔200~3000米的山谷灌丛、山坡林下和沟边石隙。

分布 施秉县城、云台山和黑冲等地有分布。

用途 块根入药，有安神、养血和活络等药效。

藜科 Chenopodiaceae

69. 藜 *Chenopodium album*

形态 一年生草本，高30~150厘米。茎直立，粗壮，具条棱，多分枝。叶片菱状卵形至宽披针形，下表面有粉，边缘具不整齐锯齿。花两性，花簇生于枝上部；花被有粉，先端或微凹，边缘膜质；雄蕊5，花药伸出

花被。果皮与种子贴生；种子横生，双凸镜状，边缘钝，黑色，有光泽，表面具浅沟纹。花果期5~10月。

生境　多生长在山地中、田间、路旁及荒地。

分布　施秉地区各地均有分布。

用途　全草入药，清热利湿，治痢疾、腹泻和湿疮痒疹等；可食用或做饲料。

70. 地肤 *Kochia scoparia*

形态　一年生草本，高50~100厘米。根略呈纺锤形。茎直立，圆柱状，有多数条棱。叶为平面叶，先端短渐尖，通常有3条明显的主脉，边缘有疏生的锈色绢状缘毛。花两性或雌性，构成疏穗状圆锥状花序；花被近球形，淡绿色，被裂片近三角形；花丝丝状，花药淡黄色；柱头2，丝状，紫褐色。胞果扁球形，果皮膜质。种子卵形，黑褐色。花期6~9月，果期7~10月。

生境　喜湿、喜光、耐干旱、不耐寒，生于田边、路旁和荒地等处。

分布　云台山有分布。

用途　幼苗可做蔬菜；果实为常用中药，能清湿热、利尿，治尿痛、尿急、小便不利及荨麻疹，外用治皮肤癣及阴囊湿疹。

71. 尖头叶藜 *Chenopodium acuminatum*

形态　一年生草本，高20~80厘米。茎直立，具条棱及绿色色条，多分枝，枝较细。叶片上表面无粉，下表面有粉，灰白色，全缘具半透明的环边。花两性，团伞花序于枝上部排列成穗状或穗状圆锥状花序；花被5深裂，裂片宽卵形，边缘膜质；雄蕊5。胞果顶基扁，圆形或卵形。种子横生，黑色，有光泽，表面略具点纹。花期6~7月，果期8~9月。

生境　海拔50~2900米，生于荒地、河岸和田边等处。

分布　云台山有分布。

用途　全草入药，治风寒头痛、四肢胀痛和疮伤等。

苋科　Amaranthaceae

72. 绿穗苋　*Amaranthus hybridus*

形态　一年生草本，高30~50厘米。茎直立，分枝。叶片卵形或菱状卵形，具凸尖，边缘波状或有不明显锯齿；叶柄有柔毛。圆锥花序顶生，细长，分枝由穗状花序而成；苞片及小苞片钻状披针形；花被片矩圆状披针形，顶端锐尖，具凸尖；柱头3。胞果卵形，超出宿存花被片。种子近球形，黑色。花期7~8月，果期9~10月。

生境　海拔400~1100米的田野、旷地或山坡。

分布　云台山有分布。

用途　营养丰富，适口性好，是畜禽的优质饲料；茎、叶也可作蔬菜食用。

73. 苋　*Amaranthus tricolor*

形态　一年生草本，高80~150厘米；茎粗壮。叶片卵形、菱状卵形或披针形，基部楔形，无毛。花簇腋生，球形，雄花和雌花混生；苞片及小苞片卵状披针形，透明，顶端有1长芒尖；花被片矩圆形，顶端有1长芒尖，背面具1条隆起中脉。胞果卵状矩圆形，环状横裂，包裹在宿存花被片内。种子近圆形或倒卵形，边缘钝。花期5~8月，果期7~9月。

生境　喜温暖气候，耐热力强，不耐寒冷。

分布　施秉各地均有分布，栽培或野生。

用途　根、果及全草可入药，有明目、通便和去寒热等药效。茎、叶可做蔬菜食用。

74. 牛膝　*Achyranthes bidentata*

形态　多年生草本，高70~120厘米。根圆柱形。茎有棱角或四方形，有白色柔毛，分枝对生。叶片顶端尾尖，基部楔形或宽楔形，两面有毛；叶柄有柔毛。穗状花序顶生或腋生；总花梗有白色柔毛；花多数，密生；苞片宽卵形，顶端长渐尖；花被片披针形，光亮，顶端急尖；退化雄蕊顶端平圆，稍有缺刻状细锯齿。胞果矩圆

形，黄褐色，光滑。种子矩圆形，黄褐色。花期7~9月，果期9~10月。

生境　海拔200~1750米的山坡林下。

分布　施秉各地多有分布。

用途　根入药，有活血通经、补肝肾和强腰膝等药效，治月经不调、闭经、产后腹痛、鼻衄、腰膝酸痛和肝肾亏虚等。

紫茉莉科　Nyctaginaceae

75. 紫茉莉　*Mirabilis jalapa*

形态　一年生草本，高可达1米。根肥粗，倒圆锥形。茎直立，圆柱形多分枝，节稍膨大。叶片卵形或卵状三角形，顶端渐尖，全缘，脉隆起。花常数朵簇生枝端；总苞钟形，5裂；结果时宿存；花高脚碟状，5浅裂；花午后开放，有香气，次日午前凋萎；雄蕊5，常伸出花外；花药球形；花柱单生，线形。瘦果球形，革质，表面具皱纹。花期6~10月，果期8~11月。

生境　性喜温和而湿润的气候条件，不耐寒。

分布　施秉各地广泛栽培。

用途　根及叶入药，有清热解毒、活血调经和滋补等功效。种子上的白粉可祛除面部斑痣与粉刺。

商陆科　Phytolaccaceae

76. 商陆　*Phytolacca acinosa*

形态　多年生草本，全株无毛。根肉质肥大，倒圆锥形。茎直立，圆柱形，有纵沟，肉质。叶片薄纸质，两面散生细小白色斑点，背面中脉凸起；叶柄粗壮，上面有槽。总状花序直立，密生多花；花梗细，基部的苞片线形；花两性，花被片5，顶端圆钝；雄蕊钻形，宿存；花药椭圆形；花柱短，柱头不明显。果序直立；浆果扁球形；种子肾形，具3棱。花期5~8月，果期6~10月。

紫茉莉科　商陆科　木兰科

生境　海拔500~3400米的沟谷、林下和林缘路旁；也可栽植于房屋周围及园地中，喜湿润肥沃的土壤，可见于垃圾堆上。生命力强，常野生于山脚、林间、路旁及房前屋后、平原、丘陵及山地均有分布。

分布　施秉县城、白沙井和黑冲等地有分布。

用途　根入药，具有通二便、逐水、散结的药效，治水肿、脚气和喉痹，外敷治痈肿疮毒。茎叶可做蔬菜食用。

木兰科　Magnoliaceae

77. 鹅掌楸　*Liriodendron chinense*

形态　落叶大乔木，高达40米，胸径1米以上。小枝灰色或灰褐色。叶马褂状，长4~12厘米，近基部每边具1侧裂片。花杯状，花被片9，外轮3片萼片状，内两轮6片花瓣状、倒卵形，具黄色纵条纹。聚合果长7~9厘米，具翅的小坚果长约6毫米，具种子1~2粒。花期5月，果期9~10月。

生境　海拔900~1000米的山地林中或林缘，呈星散分布也有组成小片纯林。

分布　舞阳河附近有分布。贵州省内绥阳、息峰和黎平等地有分布。

用途　根和树皮入药，具有止咳、祛风除湿等药效。

78. 含笑　*Michelia figo*

形态　常绿灌木，高2~3米，树皮灰褐色；芽、嫩枝、叶柄和花梗均密被黄褐色茸毛。叶革质，先端钝短尖，上表面无毛，下表面中脉上有平伏毛，托叶痕长达叶柄顶端。花直立，具甜浓的芳香，花被片6，肉质肥厚。聚合果长2~3.5厘米，蓇葖卵圆形或球形，顶端有短尖的喙。花期3~5月，果期7~8月。

生境　阴坡杂木林中，溪谷沿岸尤为茂盛。

分布　在施秉县城等地有种植。

用途　花有水果甜香，花瓣可制花茶，亦可提取芳香油，可供药用。

石竹科 Caryophyllaceae

79. 石竹 *Dianthus chinensis*

形态 多年生草本，全株无毛，带粉绿色。茎直立。叶片线状披针形，顶端渐尖，基部稍狭，中脉较显。花单生枝端或数朵花集成聚伞花序；苞片4，卵形，顶端长渐尖，边缘膜质，有缘毛；花萼圆筒形，有纵条纹，萼齿披针形，顶端尖，有缘毛；花瓣片倒卵状三角形；雄蕊露出喉部外，花药蓝色；子房长圆形，花柱线形。蒴果圆筒形，包于宿存萼内；种子黑色，扁圆形。花期5~6月，果期7~9月。

生境 多生长在草原及山坡草地，已作为观赏植物由人工在世界范围内广泛引种栽培。

分布 施秉各地庭院多有栽培。

用途 根和全草入药，具有清热利尿、破血通经和散瘀消肿等药效。

80. 狗筋蔓 *Cucubalus baccifer*

形态 多年生草本，全株被逆向短绵毛。根簇生，长纺锤形，稍肉质。茎铺散，俯仰，多分枝。叶片基部渐狭成柄状，顶端急尖，两面沿脉被毛。圆锥花序疏松；花梗细，花萼宽钟形，草质，萼齿卵状三角形；雌蕊柄及雄蕊柄长约1.5毫米，无毛，雄蕊不外露；花瓣白色；花柱细长不外露。蒴果圆球形，呈浆果状黑色，具光泽，不规则开裂；种子圆肾形，肥厚，平滑。花期6~8月，果期7~10月。

生境 林缘、灌丛或草地。

分布 黑冲等地有分布。

用途 根或全草可入药，治骨折、跌打损伤和风湿关节痛等。

81. 孩儿参 *Pseudostellaria heterophylla*

形态 多年生草本，高15~20厘米。块根长纺锤形，白色。茎直立，单生，被2列短毛。叶片倒披针形，顶端钝尖，基部渐狭呈长柄状。花梗细；萼片5，狭披针形；花瓣5，白色；雄蕊10；子房卵形；花柱3；闭花受精，花具短梗；萼片疏生多细胞毛。蒴果宽卵形，含少数种子；种子褐色，扁圆形，具疣状凸起。花期4~7月，果期7~8月。

生境 海拔800~2700米的山谷林下阴湿处。

分布 黑冲、牛大场等地有大量栽培。

用途 块根入药，有健脾、补气、益血和生津等药效，为滋补强壮剂。

82. 球序卷耳 *Cerastium glomeratum*

形态 一年生草本或有时二年生草木，高10~20厘米。茎密被长柔毛。下部茎生叶叶片匙形，顶端钝；上部茎生叶叶片倒卵状椭圆形，顶端急尖，两面皆被长柔毛，中脉明显。聚伞花序呈簇生状或呈头状；花序轴密被腺柔毛；苞片草质，卵状椭圆形；花梗细，密被柔毛；萼片5，披针形；花瓣5，白色，线状长圆形；雄蕊明显短于萼；花柱5。蒴果长圆柱形；种子褐色，扁三角形。花期3~4月，果期5~6月。

生境 田野、路旁及山坡草丛中。

分布 施秉县城、云台山等地有分布。

用途 全草入药，治乳痈、小儿风寒咳嗽和高血压。

八角科 Illiciaceae

83. 八角 *Illicium verum*

形态 乔木，高10~15米。树皮深灰色；枝密集。叶革质；在阳光下可见密布透明油点；中脉在叶上表面稍凹下，在下表面隆起。花单生叶腋或近顶生，常具不明显的半透明腺点；雄蕊11~20；花柱钻形。聚合果饱满平直，蓇葖8，呈八角形。

分布 杉木河畔有野生分布，其他地区亦有人工栽培。

生境 为热带树种，适宜种植在土层深厚、排水良好、肥沃和偏酸性的沙质土壤上。

用途 干燥成熟果实为调味香料，入药有温阳散寒、理气止痛的药效。

番荔枝科　Annonaceae

84. 黑风藤　*Fissistigma polyanthum*

形态　攀援灌木，长达8米。根黑色，将其撕裂有强烈香气。枝条被短柔毛。叶近革质，顶端有时微凹，叶上表面无毛，背面被短柔毛；侧脉斜升，在叶上表面扁平，下表面凸起；叶柄被短柔毛。花小，花蕾圆锥状，通常3~7朵集成密伞花序，花序被黄色柔毛；萼片阔三角形；外轮花瓣卵状长圆形，内轮花瓣长圆形；柱头顶端全缘。果圆球状；种子椭圆形，红褐色；果柄柔弱。花期几乎全年，果期3~10月。

生境　常生于山谷和路旁林下。

分布　两岔河有野生分布。

用途　根和藤可入药，有祛风湿、通经络和活血调经的药效。

蜡梅科　Calycanthaceae

85. 蜡梅　*Chimonanthus praecox*

形态　落叶灌木，高达4米。幼枝四方形，老枝近圆柱形，有皮孔。叶纸质或近革质，叶背脉上被疏微毛。先花后叶，花芳香，直径2~4厘米；花被片无毛；心皮和花柱基部被毛。果托近木质化，坛状或倒卵状椭圆形，口部收缩，并具有钻状披针形的被毛附生物。花期11月至翌年3月，果期4~11月。

生境　喜阳光，耐荫、耐寒、耐旱，忌渍水。

分布　云台山有分布，亦见于舞阳河畔。

用途　根及叶可理气止痛、散寒解毒；花可解暑生津。

番荔枝科　蜡梅科　樟科

樟科　Lauraceae

86. 山胡椒　*Lindera glauca*

形态　落叶灌木或小乔木，高可达8米；树皮平滑。叶互生，纸质，羽状脉；叶枯后不落。伞形花序腋生。雄花花被片黄色，椭圆形，内、外轮近相等；雄蕊9，近等长；花梗密被白色柔毛；雌花花被片黄色；子房椭圆形，柱头盘状；花梗长3~6毫米，熟时黑褐色。花期3~4月，果期7~8月。

生境　生于海拔900米左右的丘陵、山坡的灌木丛或疏林中。

分布　云台山有分布。

用途　根、枝、叶及果入药，有温中散寒、破气化滞和祛风消肿的药效。

87. 香叶树　*Lindera communis*

形态　常绿灌木或小乔木；树皮淡褐色。叶互生，薄革质至厚革质；下表面初被黄褐色柔毛；羽状脉，侧脉与中脉在叶上表面凹陷、下表面突起，侧脉每边5~7条，弧曲。伞形花序具5~8朵花，单生或两个同生于叶腋；总苞早落。雄花黄色；花被卵形，近等大，先端圆形，雄蕊9。雌花具花被片6，卵形；子房椭圆形，无毛，柱头盾形。果卵形，成熟时红色；果梗被黄褐色微柔毛。花期3~4月，果期9~10月。

生境　常见于干燥砂质土壤上，散生或混生于常绿阔叶林中。

分布　云台山有分布。

用途　枝叶及茎皮入药，有解毒消肿、散瘀止痛的药效；种仁为医用栓剂原料。植物的叶和果可提取芳香油，种仁含油50%，供工业或食用。

88. 大叶新木姜子　*Neolitsea levinei*

形态　乔木，高达22米；树皮平滑；小枝圆锥形。叶轮生，4~5片为一轮，基部尖锐，革质，有光泽，无毛，离基脉3出，侧脉每边3~4条，中脉及侧脉在叶两面均突起；叶柄密被黄褐色柔毛。伞形花序数个生于枝侧，具总梗；每一花序有

037

花5朵；花被裂片4，卵形；能育雄蕊6；雌花子房卵形或卵圆形，花柱短，柱头头状。果椭圆形或球形，成熟时黑色；果梗密被柔毛，顶部略增粗。花期3~4月，果期8~10月。

生境 海拔300~1300米的山地路旁、水旁及山谷密林中。

分布 云台山有分布。

用途 根可入药，治妇女带下。

89. 红果黄肉楠 *Actinodaphne cupularis*

形态 灌木或小乔木，高2~10米。小枝细，灰褐色。叶通常5~6片簇生于枝端成轮生状，长圆形至长圆状披针形，两端渐尖或急尖，革质叶，上表面有光泽，羽状脉，中脉在叶下表面突起，侧脉斜展、纤细，在叶下表面明显突起；叶柄有沟槽。伞形花序单生或数个簇生于枝侧，无总梗；苞片5~6，外被锈色丝状短柔毛；雄花序有雄花6~7朵，能育雄蕊9；雌花序常有雌花5朵；子房椭圆形，无毛，花柱外露，柱头2裂。果卵形或卵圆形，无毛，成熟时红色；果托杯状，外面有皱褶。花期10~11月，果期8~9月。

生境 海拔360~1300米的山坡密林、溪旁及灌丛中。

分布 云台山有分布。

用途 根及叶可入药，外用治脚癣、烫火伤及痔疮等。

莲叶桐科 Hernandiaceae

90. 小花青藤 *Illigera parviflora*

形态 藤本，茎具沟棱。指状复叶互生，具3小叶；叶柄无毛；小叶纸质，两面无毛；侧脉5~6对，在叶两面均明显，网脉仅在叶下表面明显。聚伞状圆锥花序腋生，密被灰褐色微柔毛。花两性，有小苞片；萼片5，绿色；花瓣与萼片同，白色；雄蕊5；子房下位，柱头波状扩大成鸡冠状。果具4翅。花期5~10月，果期11~12月。

生境 海拔350~1400米的山地林中或灌丛中。

分布 云台山林下有分布。

用途 根茎入药，有祛风除湿、消肿止痛的药效。

毛茛科　Ranunculaceae

91. 打破碗花花　*Anemone hupehensis*

形态　草本植物。植株高可达120厘米。根状茎斜或垂直。基生叶3~5，有长柄，通常为3出复叶；中央小叶不分裂或3~5浅裂，边缘有锯齿，两面有疏糙毛；叶柄基部有短鞘。花葶直立，疏被柔毛；聚伞花序2~3回分枝，有较多花；苞片3，有柄；花梗有柔毛；萼片5，倒卵形；花药椭圆形，花丝丝形；心皮约400，生于球形的花托上，子房有长柄，有短茸毛，柱头长方形。聚合果球形，有细柄，密被绵毛。花期7~10月。

生境　海拔400~1800米的低山或丘陵的草坡或沟边。

分布　广泛分布于白沙井、杉木河、黑冲和云台山等地。

用途　全草入药，有利湿、驱虫和祛瘀的药效，也可用做土农药，防治稻苞虫、稻螟、菜青虫和蝇蛆等。

92. 盾叶唐松草　*Thalictrum ichangense*

形态　草本植物。植株全部无毛。根状茎斜，密生须根；须根有纺锤形小块根。茎高14~32厘米。基生叶为1~3回3出复叶；小叶草质，浅裂3，边缘有疏齿，两面脉平，小叶柄盾状着生；茎生叶1~3，渐变小。复单歧聚伞花序有稀疏分枝；花梗丝形；萼片白色，卵形，早落；花药椭圆形；柱头近球形，无柄。瘦果近镰刀形，有约8条细纵肋。

生境　海拔600~1900米间的山地沟边、灌丛中或林中。

分布　云台山林下有分布。

用途　根可治小儿抽风、小儿白口疮等，全草入药，有散寒除风湿和消浮肿的药效。

93. 爪哇唐松草　*Thalictrum javanicum*

形态　草本植物。植株全部无毛。茎高可达1米，中部以上分枝。基生叶在开花时枯萎。茎生叶为3~4回3出复叶；叶片长6~25厘米，小叶纸质，浅裂3，有圆齿，叶背面脉隆起，脉网明显。花序伞房状或圆锥状；萼片4，早落；雄蕊多数。瘦果狭椭圆形，有6~8条纵肋，宿存花柱顶端拳卷。花期4~7月。

生境　海拔1500~3400米的间山地林中、沟边或陡崖边较阴湿处。

分布　云台山林下有分布。

用途　全草入药可治关节炎，根可解热、治跌打等。

94. 毛蕊铁线莲 *Clematis lasiandra*

形态 攀援草质藤本。老枝近无毛。3出复叶、羽状复叶或2回3出复叶；小叶片顶端渐尖，边缘有整齐的锯齿，叶脉在叶表面平坦，背面隆起；叶柄无毛，基部膨大隆起。聚伞花序腋生；花钟状；萼片4；心皮被绢状毛。瘦果卵形或纺锤形，棕红色，宿存花柱纤细。花期10月，果期11月。

生境 沟边、山坡及灌丛。

分布 舞阳河畔山坡上有分布。

用途 以茎藤入药，有舒筋活血、祛湿止痛和解毒利尿之效。

95. 毛柱铁线莲 *Clematis meyeniana*

形态 木质藤本。老枝圆柱形，有纵条纹，小枝有棱。3出复叶；小叶片近革质，全缘，两面无毛。圆锥状聚伞花序多花，腋生或顶生；苞片小，钻形；萼片4，开展，白色，外面边缘有茸毛；雄蕊无毛。瘦果镰刀状狭卵形或狭倒卵形，宿存花柱。花期6～8月，果期8～10月。

生境 海拔在1800米以下的林间、林缘、山坡和河畔等。

分布 云台山有分布。

用途 全株入药，有破血通经、活络止痛的药效，治风寒感冒、胃痛、闭经和跌打瘀肿、风湿麻木、腰痛等。

96. 锈毛铁线莲 *Clematis leschenaultiana*

形态 木质藤本。茎圆柱形，有纵沟纹，密被开展的金黄色长柔毛。3出复叶；小叶片纸质，被稀疏紧贴的柔毛；基出主脉3~5条，在叶表面平坦，背面隆起；叶柄圆柱形，密被开展的黄色柔毛。聚伞花序腋生，密被黄色柔毛；花萼直立成壶状；萼片4，黄色，外面密被金黄色柔毛；花丝扁平，花药线形；子房卵形。瘦果狭卵形，被棕黄色短柔毛，宿存花柱。花期1～2月，果期3～4月。

生境 海拔500~1200米的山坡灌丛。

分布 云台山林下有分布。

用途 全草入药，可治角膜炎、四肢痛和疮毒。

毛茛科

97. 威灵仙　*Clematis chinensis*

形态　木质藤本。1回羽状复叶，多为5小叶；小叶片纸质，全缘。圆锥状聚伞花序，多花，腋生或顶生；萼片4~5，开展，白色，顶端常凸尖，雄蕊无毛。瘦果扁，通常3~7个，卵形至宽椭圆形，有柔毛；花柱宿存。花期6~9月，果期8~11月。

生境　山坡、山谷灌丛中或沟边、路旁草丛中。

分布　云台山及黑冲有分布。

用途　根入药，有利尿、通经和镇痛之效。全株做农药可防治菜青虫、地老虎等农业害虫。

98. 小木通　*Clematis armandii*

形态　木质藤本。3出复叶；小叶片革质，卵状披针形、长椭圆状卵形至卵形，顶端渐尖，基部圆形、心形或宽楔形，全缘，两面无毛。聚伞花序或圆锥状聚伞花序，腋生或顶生；花序下部苞片近长圆形，常3浅裂，上部苞片渐小，披针形至钻形；萼片4~5，开展，白色，偶带淡红色，长圆形或长椭圆形，大小差异极大，外面边缘密生短茸毛。瘦果扁，卵形至椭圆形。花期3~4月，果期4~7月。

生境　山坡、山谷和路边灌丛中、林边或水沟旁。

分布　云台山有分布。

用途　茎藤入药，有清热利尿，通经下乳的药效，主治尿路感染、小便不利、闭经和乳汁不通等。

99. 尾囊草　*Urophysa henryi*

形态　根状茎木质，粗壮。叶多数；叶片宽卵形，基部心形，上部3裂，2回裂片有少数钝齿，侧全裂片较大，斜扇形，两面疏被短柔毛；叶柄有开展的短柔毛。花葶与叶近等长；聚伞花序通常有3花；小苞片对生或近对生，线形；萼片倒卵状椭圆形，外面有疏柔毛；花瓣长椭圆状船形。蓇葖果密生横脉，有短柔毛，花柱宿存；种子狭肾形，密生小疣状突起。花期3~4月。

生境　山地岩石旁或陡崖上。

分布　云台山石壁上有零星分布。

用途　根状茎入药，味甘、微苦、性平，有活血化瘀、生肌止血等药效。

041

100. 西南毛茛 *Ranunculus ficariifolius*

形态　一年生草本。须根细长簇生。茎倾斜上升，高10~30厘米，节多数。基生叶与茎生叶相似，叶片不分裂，宽卵形或近菱形；叶柄基部鞘状。茎生叶多数，披针形。花梗与叶对生，贴生柔毛；萼片卵圆形，常无毛，开展；花瓣5，长圆形。聚合果近球形，直径3~4毫米；瘦果卵球形，两面较扁，有疣状小突起。花果期4~7月。

生境　海拔1000~3200米的林缘湿地和水沟旁。

分布　黑冲有分布，模式标本采自贵州贵定。

用途　茎及叶入药，有利湿消肿、止痛杀虫和截疟的药效。

101. 禺毛茛 *Ranunculus cantoniensis*

形态　多年生草本。须根伸长簇生。茎直立，高25~80厘米，与叶柄均密生开展糙毛。3出复叶；叶片宽卵形至肾圆形；小叶基部有膜质耳状宽鞘。花序疏生较多花；花生于茎顶和分枝顶端；萼片卵形；花瓣5；花托长圆形。聚合果近球形；瘦果扁平，无毛，喙基部宽扁，顶端弯钩状。花果期4~7月。

生境　海拔500~2500米的平原或丘陵田边、沟旁水湿地。

分布　云台山有分布。

用途　全草含原白头翁素，入药可治黄疸和眼疾外用。

102. 猫爪草 *Ranunculus ternatus*

形态　一年生草本。簇生多数肉质小块根。茎铺散，多分枝，较柔软。基生叶有长柄；叶片形状多变，单叶或3出复叶。茎生叶无柄，裂片线形。花单生于茎顶和分枝顶端；萼片5~7，外面疏生柔毛；花瓣5~7或更多，倒卵形，基部有爪，蜜槽棱形；花托无毛。聚合果近球形；瘦果卵球形，无毛，边缘有纵肋，喙细短。春季3月开花，4~7月结果。

生境　平原湿草地或田边荒地的阴湿处或丘陵、旱坡。

分布　胜溪及白塘村等地有分布。

用途　干燥块根入药，有散结、消肿等药效，治瘰疬及肺结核等。

103. 毛茛　*Ranunculus japonicus*

形态　多年生草本。须根多数簇生。茎直立，高30~70厘米，中空，有槽。基生叶多数；叶片圆心形或五角形，两面贴生柔毛，下表面或幼时的毛较密；叶柄生开展柔毛；下部叶与基生叶相似，叶片较小，3深裂，裂片披针形；最上部叶线形，全缘，无柄。聚伞花序有多数花，疏散；萼片椭圆形；花瓣5，倒卵状圆形，基部有爪；花托短小，无毛。聚合果近球形，瘦果扁平，无毛，喙短直或外弯。花果期4~9月。

生境　海拔200~2500米的沟旁和林缘路边的湿草地上。

分布　施秉各地有分布。

用途　带根全草入药，有利湿、消肿、止痛、退翳、截疟和杀虫的药效。

小檗科　Berberidaceae

104. 粗毛淫羊藿　*Epimedium acuminatum*

形态　多年生草本，植株高30~50厘米。1回3出复叶基生或茎生，小叶3枚，薄革质，基出脉7条，明显隆起，网脉显著，顶生小叶基部裂片圆形。圆锥花序具10~50朵花，无总梗；花梗密被腺毛；萼片2轮，外萼片和内萼片各4枚；花瓣呈角状距；花药长2.5毫米，瓣裂；子房圆柱形。宿存花柱长喙状；种子多数。花期4~5月，果期5~7月。

生境　海拔270~2400米的石灰岩地区，亦生于草丛、竹林、林下和灌丛。模式标本采自贵阳附近。

分布　云台山林中有分布。

用途　全草入药，治阳痿、小便失禁、风湿和久咳等。

大血藤科　Sargentodoxaceae

105. 大血藤　*Sargentodoxa cuneatatum*

形态　落叶木质藤本，长达10余米。藤径粗达9厘米，全株无毛。常3出复叶；叶柄长3~12厘米；小叶革质，顶生小叶近棱状倒卵圆形，基部内面楔形。雄花与雌花同序或异序，同序时，雄花生于基部；萼片花瓣状，长圆形；花瓣6；雌蕊多数，花柱线形，柱头斜。浆果近球形，成熟时黑蓝色。种子卵球形，长约5毫米，基部截形；

种皮黑色，光亮且平滑，种脐显著。花期4~5月，果期6~9月。

生境　海拔在1000米以下的山坡灌丛、疏林和林缘等处。

分布　黑冲等地有分布。

用途　根及茎有通经活络、散瘀痛和理气行血的药效。性味苦、平。具有治风湿痹痛、赤痢、血淋、月经不调、跌打损伤。

木通科　Lardizabalaceae

106. 三叶木通　*Akebia trifoliata*

形态　落叶木质藤本。茎皮灰褐色，有稀疏的皮孔及小疣点。掌状复叶；叶柄直；小叶3片，具小凸尖；侧脉与网脉在叶两面略凸起。总状花序从短枝上簇生叶中抽出。雄花萼片3，雄蕊6。雌花萼片3，近圆形，先端圆而略凹入；心皮离生，圆柱形，柱头具乳凸。果长圆形。种子极多数，扁卵形，稍有光泽。花期4~5月，果期7~8月。

生境　海拔250~2000米的山地沟谷边疏林或丘陵灌丛或林缘、路旁。

分布　云台山，黑冲等地有分布。

用途　根、茎和果具有利尿、通乳和舒筋活络的药效，治风湿关节痛；果可食用及酿酒。

044

胡椒科 Piperaceae

107. 毛蒟 *Piper puberulum*

形态 攀援藤本，长达数米。叶硬纸质，卵状披针形或卵形，两面被柔软的短毛；叶脉5~7条，最上1对互生；叶柄密被短柔毛，仅基部具鞘。花单性，雌雄异株，穗状花序与叶对生。雄花序纤细，总花梗与花序轴被疏柔毛；苞片圆形，盾状，无毛；花药肾形，2裂。雌花序长4~6厘米；子房近球形，柱头4。浆果球形。花期3~5月。

生境 疏林或密林中，攀援于树上或石上。

分布 云台山有分布。

用途 全株入药，有祛风活血及行气止痛的药效。

108. 石南藤 *Piper wallichii*

形态 攀援藤本；枝有纵棱。叶硬纸质，无明显腺点，顶端有小尖头，基部短狭或钝圆，两侧近相等，腹面无毛，背面被长短不一的疏粗毛；叶脉5~7条，最上1对离基1~2.5厘米从中脉发出，网状脉明显；叶柄无毛或被疏毛。花单性，雌雄异株，聚集成与叶对生的穗状花序。雄花序几与叶片等长；花序轴被毛；雄蕊2~3枚，花药肾形，2裂，短于花丝。雌花序比叶片短；子房离生，柱头3~4，稀有5，披针形。浆果球形，直径3~3.5毫米，无毛，有疣状凸起。花期5~6月。

生境 海拔600~1300米的山地疏林中、山腰路旁阳处灌木丛中或山谷密林中水沟旁。

分布 黑冲、塘头附近有分布。

用途 茎入药，祛风湿，补肾壮阳。常治风湿痹痛、肾虚腰痛、阳萎、咳嗽等。

芍药科　Paeoniaceae

109. 芍药　*Paeonia lactiflora*

形态　多年生草本。根粗壮。茎高40~70厘米，无毛。下部茎生叶为2回3出复叶，上部茎生叶为3出复叶；小叶狭卵形，边缘具白色骨质细齿，背面沿叶脉疏生短柔毛。花数朵生于茎顶和叶腋；苞片披针形；萼片4；花瓣9~13，倒卵形，白色；花盘浅杯状，顶端裂片钝圆；心皮无毛。蓇葖果顶端具喙。花期5~6月，果期8月。

生境　海拔1000~2300米的山坡草地，各城市也有人工栽培。

分布　在施秉县城有栽种。

用途　根入药，有镇痛、镇静、祛瘀和通经的药效。

猕猴桃科　Actinidiaceae

110. 京梨猕猴桃　*Actinidia callosa* var. *henryi*

形态　小枝较坚硬，干后土黄色，洁净无毛。叶卵形或卵状椭圆形至倒卵形，边缘锯齿细小，背面脉腋上有髯毛。果乳头状至矩圆圆柱状。

生境　喜生在山谷溪涧边或其他湿润处。

分布　云台山有分布。

用途　根、果治胃痛、风湿关节痛，果可食用。

111. 绵毛猕猴桃
Actinidia fulvicoma var. *lanata* f. *lanata*

形态　叶纸质、阔卵形、卵形至长方卵形，长8~14厘米，宽4.5~10厘米。叶面被擅毛或糙伏毛。小枝、叶柄和叶脉被锈色长硬毛。

生境　生于海拔850~1980米山地上的灌丛中或疏林中。

分布　在塘头有野生分布。

芍药科　猕猴桃科

用途　根、茎：甘、凉，清热解毒、化湿祛瘀，用于乳痛、消化不良、骨折。果实：用于石淋，果可食用。

112. 滑叶猕猴桃　*Actinidia laevissima*

形态　中型落叶藤本。着花小枝洁净无毛，皮孔很显著；隔年枝皮孔仍显著，髓白色，片层状。叶膜质，卵形至长卵形或矩状卵形，两侧基本对称，边缘有芒尖状的小锯齿，叶脉很不发达，侧脉7~8对；叶柄水红色，洁净无毛。花单生，粉红色；花柄丝状；萼片4，长圆形；花瓣5，倒卵形；花丝丝状，花药卵形；子房柱状近球形，薄被黄灰色短茸毛。果暗绿色，具黄褐色斑点，柱状长圆形。花期5月上旬至6月上旬。

生境　海拔850~1980米的山地灌丛中或疏林中。

分布　黑冲附近有分布，也产于贵州东北部的江口县和印江县，模式标本采自江口县。

用途　果可食用。

113. 异色猕猴桃　*Actinidia callosa var. discolor*

形态　小枝坚硬，干后灰黄色，洁净无毛。叶坚纸质，干后表面褐黑色，背面灰黄色，两面洁净无毛，叶脉发达，中脉和侧脉在叶背面极度隆起，呈圆线形；叶柄一般2~3厘米，无毛。花序和萼片两面均无毛。果较小，卵珠形或近球形。

生境　山地上的灌丛中或疏林中。

分布　海拔1000米以下的沟谷、山坡，生长在乔木林、灌丛林和林缘中。

用途　果可食用。

114. 中华猕猴桃　*Actinidia chinensis*

形态　大型落叶藤本。幼枝被毛；花枝长短不一，直径4~6毫米；隔年枝无毛，直径5~8毫米，皮孔长圆形；髓白色至淡褐色，片层状。叶纸质，背面苍绿色，密被星状茸毛，侧脉5~8对，横脉比较发

047

达。聚伞花序1~3朵花；苞片小，卵形或钻形；花初开放时白色，有香气；萼片常5片，两面密被压紧的黄褐色茸毛；花瓣常5片；雄蕊极多，花药黄色，长圆形；子房球形，花柱狭条形。果黄褐色，被毛，具小而多的淡褐色斑点；宿存萼片反折。

　　生境　山林、灌丛或稀疏的次生林。

　　分布　施秉各地多有野生分布或栽培。

　　用途　果供食用，全株可入药。具有调中理气、生津润燥、清热解毒、止血等功效。

115. 狗枣猕猴桃　*Actinidia kolomikta*

　　形态　大型落叶藤本。小枝紫褐色，短花枝有较显著的皮孔；长花枝幼嫩时被短茸毛，有不显著的皮孔，隔年枝皮孔相当显著，稍凸起；髓褐色，片层状。叶膜质或薄纸质，阔卵形、长方卵形至长方倒卵形，基部心形，边缘有单锯齿或重锯齿，叶脉不发达，近扁平状，侧脉6~8对。聚伞花序，雄性花3朵，雌性花通常1花单生；花柄苞片小，钻形；花白色或粉红色，芳香；萼片5，长方卵形，两面被有极微弱的短茸毛；花瓣5，长方倒卵形；花丝丝状，花药黄色，长方箭头状；子房圆柱状，无毛。果皮洁净无毛，无斑点，成熟时淡橘红色，并有深色的纵纹；果熟时花萼脱落。种子长约2毫米。花期5月下旬至7月初，果期9~10月。

　　生境　多生于山林、灌丛或稀疏的次生林或混交林下。

　　分布　云台山有分布。

　　用途　果实可食、酿酒及入药，主要含维生素C等，树皮可纺绳及织麻布。

116. 藤山柳　*Clematoclethra lasioclada*

　　形态　攀援灌木。老枝黑褐色，无毛；小枝被淡褐色茸毛。叶纸质，厚薄不定，顶端急尖或渐尖，基部圆形或微心形，背面沿叶脉有茸毛，边缘有纤毛状锯齿；叶柄长2.5~7厘米，初被茸毛，后变秃净。花序柄被茸毛，通常有花3朵；小苞片披针形，有茸毛；花白色，萼片倒卵形，被茸毛；花瓣卵形。果球形，花期7月，果期9~10月。

　　生境　海拔1500~3000米的山地沟谷林中或林缘。

　　分布　云台山有分布。

　　用途　果可食用。

山茶科　Theaceae

117. 细齿叶柃　*Eurya nitida*

形态　灌木或小乔木，高2~5米，全株无毛；树皮平滑；嫩枝稍纤细，具2棱。叶薄革质，尖头钝，基部楔形，边缘密生锯齿或细钝齿，两面无毛，中脉在叶上表面稍凹下，下表面凸起，侧脉9~12对，在叶下表面稍明显。花1~4朵簇生于叶腋。雄花小苞片2，萼片状，近圆形，无毛；萼片5，近膜质，无毛；花瓣5，白色，倒卵形；花药不具分格；雌花花瓣5，长圆形；子房卵圆形，无毛，花柱细长。果实圆球形，成熟时蓝黑色。种子肾形或圆肾形，表面具细蜂窝状网纹。花期11月至翌年1月，果期次年7~9月。

生境　海拔1300米以下的山地林中、沟谷、溪边林缘和山坡路旁灌丛中。

分布　云台山有分布。

用途　优良蜜源植物，枝、叶及果实可作染料。

藤黄科　Clusiaceae

118. 挺茎遍地金　*Hypericum elodeoides*

形态　多年生草本，高0.2~0.4米，全体无毛。茎数枚丛生，圆柱形，无腺点，分枝有花序。叶近无柄；叶片基部浅心形而略抱茎，全缘，坚纸质，散布多数透明松脂状腺点，侧脉与中脉在叶上表面略凹陷，下表面凸起。蝎尾状二歧聚伞花序，顶生于茎及分枝上；苞片及萼片边缘有小刺齿，齿端有黑色腺体。花瓣倒卵状长圆形，上部边缘具黑色腺点。雄蕊3束，每束具雄蕊约20枚，花药有黑色腺点。子房卵珠形；花柱3，自基部分离叉开。蒴果卵珠形，成熟时褐色，外密布腺纹。种子黄褐色，圆柱形，一侧有棱状突起。花期7~8月，果期9~10月。

生境　海拔750~3200米的山坡草丛、灌丛、林下及田埂上。

分布　云台山有分布。

用途　民间草药，用于小儿肺炎、消化不良和月经不调等。

119. 贵州金丝桃 *Hypericum kouytchense*

形态 灌木，高1~1.8米。茎红色，幼时具4纵线棱，渐变成2纵线棱，圆柱形；皮层红褐色。叶具柄；叶片边缘平坦，坚纸质，主侧脉3~5对，中脉在上方分枝，叶片腺体点状及短条纹状。花序近伞房状；苞片披针形至狭披针形，凋落。花星状；花蕾狭卵珠形。萼片离生，覆瓦状排列，全缘，中脉明显。花瓣亮金黄色，无红晕，边缘向顶端有细的具腺小齿，有近顶生的小尖突。雄蕊5束，花药金黄色。子房卵珠状角锥形至狭卵珠形；花柱离生，先端略外弯。蒴果略呈狭卵珠状角锥形至卵珠形，成熟时红色。种子深紫褐色，狭圆柱形，有狭翅，近于平滑。花期5~7月，果期8~9月。

生境 海拔1500~2000米的草地、山坡、河滩和多石地。

分布 贵州特有种，云台山有分布，模式标本采自贵阳。

用途 果实及根药用，果代连翘用，根能祛风止咳、调经补血和治跌打损伤。

120. 金丝桃 *Hypericum monogynum*

形态 灌木，高0.5~1.3米。茎红色；皮橙褐色。叶对生；叶片通常具细小尖突，边缘平坦，坚纸质，主侧脉4~6对，常与中脉分枝不分明，无腹腺体。花序自茎端第1节生出，近伞房状；苞片小，线状披针形，早落。花星状，花蕾卵珠形，萼片中脉分明，花瓣无红晕，开张，三角状倒卵形，全缘，无腺体。雄蕊5束，每束有雄蕊25~35枚。花柱合生达顶端，柱头小。蒴果多为宽卵珠形。种子深红褐色，圆柱形，有狭的龙骨状突起。花期5~8月，果期8~9月。

生境 沿海地区海拔150米以下，以及山地海拔1500米以下的山坡、路旁或灌丛中。

分布 云台山有分布。

用途 果实及根可药用，果为连翘的代用品，根能祛风、止咳、下乳和调经补血，并可治跌打损伤。

藤黄科

121. 元宝草 *Hypericum sampsonii*

形态 半常绿小灌木,高0.2~0.8米,全体无毛。茎圆柱形,无腺点,上部分枝。叶对生,无柄,基部完全合生为一体,茎贯穿其中心,叶披针形至长圆形或倒披针形,基部较宽,全缘,坚纸质,边缘密生有黑色腺点,中脉直贯叶端,侧脉近边缘弧状连结,中脉与侧脉两面明显。花序顶生,伞房状,花近扁平;花蕾卵珠形。萼片全缘,边缘疏生黑腺点。花瓣淡黄色,宿存,边缘有黑腺体,全面散布黑色腺点和腺条纹。雄蕊3束,宿存。子房卵珠形至狭圆锥形;花柱3,自基部分离。蒴果散布有黄褐色囊状腺体。种子黄褐色,两侧无龙骨状突起,表面有明显的细蜂窝纹。花期5~6月,果期7~8月。

生境 海拔0~1200米的路旁、山坡、草地、灌丛、田边和沟边等。

分布 云台山、白塘村附近等有分布。

用途 全草入药,有清热解毒、通经活络和凉血止血的药效。果和根供药用;果能治肺病、百日咳;根能去风湿、止咳、治腰痛。

122. 地耳草 *Hypericum japonicum*

形态 一年生或多年生草本,高2~45厘米。茎具4纵线棱,散布淡色腺点。叶无柄,全缘,坚纸质,具1条基生主脉和1~2对侧脉,全面散布透明腺点。花序两歧状或多少呈单歧状。花直径4~8毫米,多少平展;花梗长2~5毫米;萼片先端锐尖至钝形,全缘,全面散生透明腺点或腺条纹。花瓣先端钝形,无腺点,宿存。雄蕊不成束,宿存。子房1室,自基部离生,开展。蒴果短圆柱形至圆球形,无腺条纹。种子淡黄色,圆柱形,两端锐尖。花期3月,果期6~10月。

生境 海拔2800米以下的田边、沟边、草地以及撂荒地。

分布 云台山有分布。

用途 全草入药,有清热解毒、止血消肿的药效,治肝炎、跌打损伤以及疮毒。

漆树科　Anacardiaceae

123. 盐肤木　*Rhus chinensis*

形态　落叶小乔木或灌木。奇数羽状复叶，小叶多形，卵形或椭圆状卵形或长圆形，边缘具粗锯齿或圆齿。圆锥花序；花白色，被微柔毛；花瓣椭圆状卵形，长约1.6毫米，边缘具细睫毛，里面下部被柔毛；雄蕊极短；花盘无毛；花柱3，柱头头状。核果球形，略扁，被具节柔毛和腺毛，成熟时红色。花期8~9月，果期10月。

生境　海拔170~2700米的向阳山坡、沟谷和溪边的疏林或灌丛中。

分布　白沙井、白塘村和杉木河等地有分布。

用途　根及叶入药，有清热解毒、散瘀止血的药效；根及叶外用可治跌打损伤和毒蛇咬伤等。其皮部、种子还可榨油。

罂粟科　Papaveraceae

124. 博落回　*Macleaya cordata*

形态　多年生直立草本，具乳黄色浆汁。叶片宽卵形或近圆形，边缘波状或缺刻状，具粗齿或多细齿，基出脉5条；叶柄上面具浅沟槽。大型圆锥花序多花，顶生和腋生；苞片狭披针形；萼片倒卵状长圆形，舟状，黄白色；花瓣无。蒴果狭倒卵形或倒披针形，无毛。种子4~6(8)粒，卵珠形，生于缝线两侧，无柄，种皮具排成行且整齐的蜂窝状孔穴，有狭的种阜。花果期6~11月。

生境　海拔150~830米的丘陵，以及低山林、灌丛或草丛间。

分布　白垛、黑冲、两岔河和谢家院等地有分布。

用途　全草有大毒，不可内服，入药有利尿、理气通便、活血止痛等药效；也可做农药，防治稻椿象等。

125. 籽纹紫堇　*Corydalis esquirolii*

形态　无毛草本。基生叶数枚，二回羽状分裂，卵形，边缘大圆齿状浅裂，先端圆。总状花序顶生；苞片卵形或倒卵形；萼片早落；花瓣紫色或白色，先端紫色，花瓣片舟状椭圆形，先端具短尖，背部近先端具短而矮的鸡冠状突起，花瓣片倒卵状长圆形。蒴果狭圆柱形，长约2.3厘米，粗约2毫米，近念珠状，具数粒种子。种子长圆形，长约1.5毫米，黑色，表面具乳突和不规则的条纹。花果期3~4月。

生境　生于海拔650~900米的石灰岩常绿林内沟边或山坡草地。

分布　黑冲有分布。

用途　全草入药，有清热解毒、杀虫止痒的药效。

山柑科　Capparaceae

126. 醉蝶花　*Cleome spinosa*

形态　一二年生草本，全株被粘质腺毛，有特殊臭味，有托叶刺。掌状复叶，小叶草质，椭圆状披针形或倒披针形，两面被毛；叶柄常有淡黄色皮刺。总状花序，密被黏质腺毛；苞片1，叶状，卵状长圆形，无柄或近无柄；花蕾圆筒形，无毛；花梗被短腺毛，单生；萼片4，长圆状至椭圆形，顶端渐尖，外被腺毛；花瓣粉红色，无毛，瓣片倒卵伏匙形，顶端圆形，基部渐狭。果圆柱形，两端梢钝。种子直径约2毫米，表面近平滑或有小疣状突起，不具假种皮。花期初夏，果期夏末秋初。

生境　适应性强，喜高温，较耐暑热。

分布　黑冲有庭院栽培。

用途　优良的蜜源植物，具有祛风散寒、杀虫止痒。果实：民间试用于肝癌。

十字花科 Brassicaceae

127. 荠 *Capsella bursa~pastoris*

形态 一年或二年生草本。基生叶丛生呈莲座状，顶端渐尖，浅裂，有不规则粗锯齿或近全缘；茎生叶窄披针形或披针形，基部箭形，抱茎，边缘有缺刻或锯齿。总状花序顶生及腋生；萼片长圆形；花瓣白色，卵形，有短爪。短角果倒三角形或倒心状三角形，扁平，无毛，顶端微凹，裂瓣具网脉。种子2行，长椭圆形，长约1毫米，浅褐色。花果期4~6月。

生境 野生，偶有栽培，生在山坡、田边及路旁。

分布 施秉地区广泛分布，如县城、杉木河、云台山、黑冲和马溪等地。

用途 茎及叶可食用；全草入药，有利尿、止血、清热、明目和消积的药效。

128. 豆瓣菜 *Nasturtium officinale*

形态 多年生水生草本。茎匍匐或浮水生，节上生不定根。奇数羽状复叶，小叶片宽卵形、长圆形或近圆形。总状花序顶生，花多数；萼片长卵形，边缘膜质，基部略呈囊状；花瓣白色，倒卵形，具脉纹，顶端圆，基部渐狭成细爪。长角果圆柱形而扁。种子每室2行，卵形，直径约1毫米，红褐色，表面具网纹。花期4~5月，果期6~7月。

生境 栽培或野生，喜生于水中，常见于海拔850~3700米的水沟边、山涧河边、沼泽地和水田中。

分布 白沙井附近有野生豆瓣菜。

用途 可食用；全草也可药用，有解热、利尿的药效。

129. 弯曲碎米荠 *Cardamine flexuosa*

形态 一年或二年生草本。茎表面疏生柔毛。基生叶有叶柄，小叶3~7对；茎生叶有小叶3~5对，小叶多为长卵形或线形，1~3裂或全缘，小叶柄有或无。总状花序多数，生于枝顶，花小；萼片长椭圆形，边缘膜质；花瓣白色，倒卵状楔形，长约3.5毫米。长角果线形，扁平。种子长圆形而扁，长约1毫米，黄绿色，顶端有极窄的翅。

花期3~5月，果期4~6月。

生境　生于海拔200~3600米的地区，田边、路旁及草地。

分布　施秉县城、马溪、白垛和黑冲均见分布。

用途　全草入药，有清热、利湿、健胃和止泻的药效。

130. 蔊菜　*Rorippa indica*

形态　一年或二年生直立草本，无毛或具疏毛。叶互生。总状花序顶生或侧生，花小，多数，具细花梗；萼片4，卵状长圆形，黄色，匙形，基部渐狭成短爪，与萼片近等长；雄蕊6，2枚稍短。长角果线状圆柱形，短而粗。种子每室2行，多数，细小，卵圆形而扁，一端微凹，表面褐色，具细网纹；子叶缘倚胚根。花期4~6月，果期6~8月。

生境　海拔230~1450米的路旁、田边、园圃、河边、屋边墙脚及山坡路旁等较潮湿处。

分布　施秉县城、云台山等地有分布。

用途　全草入药，内服有解表健胃、止咳化痰、平喘、清热解毒和散热消肿的药效；外用可治痈肿疮毒及烫伤。茎叶可做野菜食用或作饲料、种子可榨油。

131. 无瓣蔊菜　*Rorippa dubia*

形态　一年生草本。单叶互生。总状花序顶生或侧生，花小，多数，具细花梗；萼片4，直立，披针形至线形，边缘膜质；无花瓣（偶有不完全花瓣）；雄蕊6，2枚较短。长角果线形；种子每室1行，多数，细小，种子褐色，近卵形，一端尖而微凹，表面具细网纹；子叶缘筒胚根。花期4~6月，果期6~8月。

生境　海拔500~3700米的山坡路旁、山谷、河边湿地、园圃及田野较潮湿处。

分布　舞阳河畔见分布。

用途　全草入药，内服有解表健胃、止咳化痰、平喘、清热解毒和散热消肿的药效；外用可治痈肿疮毒及烫火伤。

景天科 Crassulaceae

132. 珠芽景天 *Sedum bulbiferum*

形态 多年生草本。叶腋常有圆球形、肉质、小形珠芽着生；基部叶常对生，上部的互生，下部卵状匙形，上部叶匙状倒披针形，长10~15毫米，宽2~4毫米，先端钝，基部渐狭。花序聚伞状，分枝3，常再二歧分枝；萼片5，披针形至倒披针形，长3~4毫米，宽达1毫米，有短距，先端钝；花瓣5，黄色，披针形，长4~5毫米，宽1.25毫米，先端有短尖；雄蕊10，长3毫米；心皮5，略叉开，基部1毫米合生，全长4毫米，含花柱在内长1毫米。花期4~5月。

生境 生于海拔1000米以下的低山、平地树荫下。

分布 白塘村附近见分布。

用途 以全草入药，有散寒、理气、止痛和截疟等药效，主治风湿瘫痪、食积腹痛和疟疾。

133. 凹叶景天 *Sedum emarginatum*

形态 多年生草本。叶对生，匙状倒卵形至宽卵形，长1~2厘米，宽5~10毫米，先端圆，有微缺，基部渐狭，有短距。花序聚伞状，顶生，宽3~6毫米，有多花，常有3个分枝；花无梗；萼片5，披针形至狭长圆形，长2~5毫米，宽0.7~2毫米，先端钝；基部有短距；花瓣5，黄色，线状披针形至披针形；鳞片5，长圆形，长0.6毫米；心皮5，长圆形，长4~5毫米，基部合生。蓇葖略叉开，腹面有浅囊状隆起；种子细小，褐色。花期5~6月，果期6月。

生境 海拔600~1800米的山坡阴湿处。

分布 云台山景区入口附近有分布。

用途 全草入药，有清热解毒、散瘀消肿的药效，可治跌打损伤、热疖和疮毒等。

134. 大苞景天 *Sedum amplibracteatum*

形态 一年生草本植物，根须状且短。不育枝直立，细弱或不存在。花茎常在基部着根，直立。叶有短距，扁平，有柄且钝。花序有长总梗，为疏生蝎尾状聚伞花序，苞片叶状；花小，花各部数目常不等；萼筒宽，萼片小，不具距且钝；花瓣淡黄色，于基部1毫米处合生，有短尖头；雄蕊5~10；鳞片3~5，线形至宽匙形；心皮

3~5。蓇葖有多数种子；种子有珠柄，密被微乳头状突起。

生境 海拔1100~2800米的山坡林下阴湿处。

分布 云台山有分布。

用途 全草入药，具有清热解毒、活血行瘀的药效，主治产后腹痛、胃痛和大便燥结等。

135. 垂盆草 *Sedum sarmentosum*

形态 多年生草本。3叶轮生，叶倒披针形至长圆形，先端近急尖，基部急狭，有距。聚伞花序；萼片5，披针形至长圆形，先端钝，基部无距；花瓣5，黄色，披针形至长圆形，先端有稍长的短尖；雄蕊10，较花瓣短；鳞片10，楔状四方形，长0.5毫米，先端稍有微缺。种子卵形，长0.5毫米。花期5~7月，果期8月。

生境 海拔1600米以下的山坡阳处或石上。

分布 黑冲附近有分布。

用途 全草入药，有清热解毒的药效，主治湿热黄疸、小便不利和痈肿疮疡等。

136. 繁缕景天 *Sedum stellariifolium*

形态 一年生或二年生草本。叶互生，正三角形或三角状宽卵形，长7~15毫米，宽5~10毫米，先端急尖，基部宽楔形至截形，入于叶柄，柄长4~8毫米，全缘。总状聚伞花序；花顶生，花梗长5~10毫米；萼片5，披针形至长圆形，长1~2毫米，先端渐尖；花瓣5，黄色，披针状长圆形，长3~5毫米，先端渐尖；雄蕊10，较花瓣短；鳞片5，宽匙形

至宽楔形，长0.3毫米，先端有微缺；心皮5，近直立，长圆形，长约4毫米，花柱短。蓇葖下部合生，上部略叉开。种子长圆状卵形，长0.3毫米，有纵纹，褐色。花期6~7月（湖北及以南）或7~8月（华北及西南高山），果期8~9月。

生境　生于山坡或山谷土上或石缝中。

分布　云台山有分布。

用途　全草入药，有清热解毒、凉血止血的药效，主治热毒疮疡、乳痈、无名肿毒、咽喉肿痛、牙龈炎、吐血和咯血等。

虎耳草科　Saxifragaceae

137. 四川溲疏　*Deutzia setchuenensis*

形态　灌木，高达2米。小枝疏生有紧贴的星状毛。叶对生，具短柄；叶片狭卵形或卵形，长2.2~7.5厘米，宽1~2.4厘米，基部圆形，先端渐尖或尾状渐尖，边缘有小齿，两面绿色，有星状毛，上表面有4~5（6）条、下表面的有（4）5~7条辐射线。聚伞花序伞房状；花梗疏生紧贴的星状毛；花萼密生白色星状毛，萼筒长约1.2毫米，裂片5，正三角形，长约0.6毫米；花瓣5，白色，矩圆状倒卵形，长约7毫米；雄蕊10，外轮花丝上部具2齿，内轮花丝的齿合生呈舌状并且比花药长；子房下位，花柱3，蒴果球形。

生境　海拔300~2000米的山地灌丛中。

分布　云台山有分布。

用途　枝叶及果实可入药，有清热利尿的药效，主治遗尿、疟疾和疥疮等。

138. 溲疏　*Deutzia scabra*

形态　落叶灌木，高1.5米。小枝淡褐色，枝皮剥落。叶互生；叶卵状，椭圆形至长椭圆形，先端渐尖，长3~8厘米，锯齿细密，两面有锈褐色，星状毛，叶柄短。花排列成圆锥花序或伞房花序；花白色或略带粉红色，单瓣；花梗、花萼密生，锈褐色，星状毛。蒴果半球形。花期5月，果熟期7~8月。

生境　多见于山谷、路边、岩缝及丘陵、低山灌丛中。

分布　云台山有分布。

用途　果实入药，有清热、利尿的药效，主治发热、小便不利和遗尿等。

虎耳草科

139. 西南绣球 *Hydrangea davidii*

形态　灌木。叶纸质，长圆形或狭椭圆形，先端渐尖，具尾状长尖头；叶柄被微弯的短柔毛或扩展的疏长毛。伞房状聚伞花序顶生；不育花萼片3~4，阔卵形、三角状卵形或扁卵圆形，先端略尖或浑圆，全缘或具数小齿；孕性花深蓝色，萼筒杯状，萼齿狭披针形或三角状卵形；花瓣狭椭圆形或倒卵形，先端渐尖或钝，基部具爪；雄蕊8~10。蒴果近球形；种子淡褐色，倒卵形或椭圆形，长0.5~0.6毫米，无翅，具网状脉纹。花期4~6月，果期9~10月。

生境　海拔1400~2400米的山谷密林、山坡路旁疏林或林缘。

分布　黑冲、云台山有分布。

用途　根的髓心入药，可治疟疾；茎的髓心入药，可治麻疹。

140. 绣球 *Hydrangea macrophylla*

形态　灌木。叶纸质或近革质，倒卵形或阔椭圆形，先端骤尖，具短尖头。伞房状聚伞花序近球形，总花梗密被紧贴短柔毛，花密集，多数不育；不育花萼片4，阔物卵形、近圆形或阔卵形，粉红色、淡蓝色或白色；孕性花极少数；萼筒倒圆锥状，疏被卷曲短柔毛，萼齿卵状三角形；花瓣长圆形，近等长，不突出或稍突出；花药长圆形，长约1毫米。蒴果未成熟，长陀螺状，连花柱长约4~5毫米，顶端突出部分长约1毫米，约等于蒴果长度的1/3。花期6~8月。

生境　野生或栽培，生于海拔380~1700米的山谷溪旁或山顶疏林中。

分布　施秉县域多地有栽培。

用途　花和叶含八仙花苷（$C_{21}H_{16}O_9$），水解后产生八仙花醇，有清热抗疟之效，主治疟疾、心热惊悸和烦躁等。

141. 扯根菜 *Penthorum chinense*

形态 多年生草本。根状茎分枝；茎不分枝，稀基部分枝，具多数叶。叶互生，无柄或近无柄，披针形至狭披针形，先端渐尖，边缘具细重锯齿，无毛。聚伞花序；花序分枝与花梗均被褐色腺毛；苞片小，卵形至狭卵形；花小型，黄白色；萼片5，革质，三角形，长约1.5毫米，宽约1.1毫米，无毛，单脉；无花瓣；雄蕊10，长约2.5毫米；雌蕊长约3.1毫米；心皮5~6，下部合生；子房5~6室，胚珠多数，花柱5~6，较粗。蒴果红紫色，直径4~5毫米；种子多数，卵状长圆形，表面具小丘状突起。花果期7~10月。

生境 海拔90~2200米的林下、灌丛草甸及水边。

分布 云台山有分布。

用途 全草入药，有利水除湿、祛瘀止痛的药效，主治黄疸、水肿和跌打损伤等，嫩苗可供蔬食。

142. 灰叶溲疏 *Deutzia cinerascens*

形态 灌木。叶纸质，稍厚，卵形或卵状长圆形，先端长渐尖，基部圆形或近心形，边缘具细锯齿；叶柄被毛。聚伞花序；花序梗被4~5辐线星状毛；花蕾长圆形；萼筒杯状，萼裂片卵状三角形或卵形，先端渐尖或急尖，紫色；花瓣白色，卵状长圆形，边缘啮蚀状，外面被星状细茸毛，花蕾时内向镊合状排列；外轮雄蕊长2~2.5毫米，花丝先端2齿，齿长约与花药近相等，花药卵形，具短柄；内轮雄蕊稍短，花丝先端钝，啮蚀状或稍2裂，花药从花丝内侧近中部或顶端稍下伸出；花柱3，长2~2.5毫米，与雄蕊近等长。蒴果未见。

生境 生于河谷边。

分布 杉木河畔有分布，贵州镇宁也有分布。

用途 根、叶、果均可药用。

143. 冬青叶鼠刺 *Itea ilicifolia*

形态 常绿灌木。叶厚革质，阔椭圆形至椭圆状长圆形，稀近圆形，先端锐尖或尖刺状，基部圆形或楔形，边缘具较疏而坚硬刺状锯齿。顶生总状花序，下垂，花序轴被短柔毛；苞片钻形；花多数，通常簇生；花梗无毛；萼筒浅钟状，萼片三角状披针形；花瓣黄绿色，线状披针

虎耳草科

形，长2.5毫米，顶端具硬小尖，花开放后直立。蒴果卵状披针形，长约5毫米，下垂，无毛。花期5~6月，果期7~11月。

生境　海拔1500~1650米的山坡、灌丛、林下、山谷、河岸和路旁。

分布　白塘村附近、云台山和杉木河畔有分布。

用途　根入药，有清肺止咳、滋补肝肾的药效，主治咳嗽、咽喉干痛和目赤等。

144. 虎耳草　*Saxifraga stolonifera*

形态　多年生草本。鞭匐枝细长，密被卷曲长腺毛，具鳞片状叶。茎被长腺毛，具1~4片苞片状叶。基生叶具长柄，叶片近心形、肾形至扁圆形，先端钝或急尖，基部近截形、圆形至心形；茎生叶披针形。聚伞花序圆锥状；花两侧对称；萼片卵形，先端急尖，边缘具腺睫毛；花瓣白色，5枚，其中3枚较短，卵形，先端急尖，基部具爪，羽状脉序，另2枚较长，披针形至长圆形，先端急尖，基部具爪，羽状脉序，具2级脉5~10（11）条。花果期4~11月。

生境　生于海拔400~4500米的林下、灌丛、草甸和阴湿岩隙。

分布　云台山有分布。

用途　全草有小毒，入药有祛风清热、凉血解毒的药效，主治风热咳嗽、肺痈、吐血和耳中流脓等。

145. 黄水枝　*Tiarella polyphylla*

形态　多年生草本。茎不分枝，密被腺毛。基生叶具长柄，叶片心形，先端急尖，基部心形，掌状3~5浅裂，边缘具不规则浅齿，两面密被腺毛；基部扩大呈鞘状，密被腺毛；托叶褐色；茎生叶通常2~3，与基生叶同型。总状花序长，密被腺毛；萼片先端稍渐尖，多脉；无花瓣；雄蕊长约2.5毫米，花丝钻形；花柱2。蒴果；种子黑褐色，椭圆球形，长约1毫米。染色体14。花果期4~11月。

生境　海拔980~3800米的林下、灌丛和阴湿地。

分布　云台山有分布。

用途　全草入药，有清热解毒、活血祛瘀和消肿止痛的药效，主治痈疖肿毒、肝炎、咳嗽气喘和跌打损伤等。

146. 贵阳梅花草　*Parnassia petimenginii*

形态　小草本。基生叶多数，匙形，先端圆，基部下延呈楔形，全缘；叶柄长，两侧具宽的叶翼。茎每株1~3，细弱，高4~7厘米；茎生叶极小，无柄，抱茎。花小，白色，直径5~8毫米，萼片长圆形，先端钝，比花瓣短1/2；花瓣宽椭圆形，全缘，具脉；退化雄蕊褐色，先端头状，全缘；雄蕊2倍长于退化雄蕊；花药近球形，白色；子房圆锥形。

生境　海拔1100米左右的林下、灌丛或阴湿地。

分布　云台山、贵州西部及贵阳等地有分布。

用途　全草入药，主治肺虚咳嗽及咳血。

147. 鸡眼梅花草　*Parnassia wightiana*

形态　多年生草本。根状茎粗大，块状。基生叶2~4，具长柄；叶片宽心形；托叶膜质，早落。茎生叶与基生叶同形。花单生于茎顶；萼片卵状披针形或卵形，先端圆钝，边全缘；花瓣白色，长圆形、倒卵形或似琴形，先端急尖，基部楔形；雄蕊5，花丝扁平，向基部加宽，先端尖；退化雄蕊5，长3~5毫米，扁平，5浅裂至中裂，裂片深度不超过1/2，偶在顶端有不明显腺体；花柱长约1.5毫米，先端3裂，裂片长圆形。蒴果倒卵球形，褐色；种子长圆形，褐色，有光泽。花期7~8月，果期9月开始。

生境　海拔600~2000米的山谷疏林下、山坡杂草中、沟边和路边等处。

分布　黑冲附近有分布。

用途　全草入药，治咳嗽吐血、湿病疮毒等症状。

海桐花科

148. 细枝茶藨子　*Ribes tenue*

形态　落叶灌木。叶长卵圆形，稀近圆形；叶柄无柔毛或具稀疏腺毛。花单性，雌雄异株，组成直立总状花序；花序轴和花梗具短柔毛和疏腺毛；苞片披针形或长圆状披针形，先端急尖，褐色，边缘常具短腺毛，具单脉；花萼近辐状，红褐色，外面无毛；萼筒碟形，萼片舌形或卵圆形，先端钝，直立；花瓣楔状匙形或近倒卵圆形，先端圆钝，暗红色。果实球形，直径4~7毫米，暗红色，无毛。花期5~6月，果期8~9月。

生境　海拔1300~4000米的山坡和山谷灌丛或沟旁路边。

分布　云台山有分布。

用途　以根入药，有清虚热、调经止痛的药效，主治乏力、虚弱、月经不调、痛经等；成熟的果实可供食用。

海桐花科　Pittosporaceae

149. 峨眉海桐　*Pittosporum omeiense*

形态　常绿灌木。叶散生或2~4片聚生于枝顶，呈对生或轮生状，二年生，革质，倒披针形或窄矩圆形，先端尾状渐尖，基部窄楔形。伞房状伞形花序1~4枝顶生；花序柄极短，略有柔毛；苞片线形；花梗有微毛；花黄色；萼片长卵形，基先端尖锐，边缘有睫毛；花瓣倒披针形，先端圆或钝。蒴果椭圆形，无毛。种子7~8粒，长3~4毫米，种柄长约2毫米，纤弱。

生境　海拔900~1800米的森林、草丛和山谷的河畔。

分布　两岔河有分布。

用途　根、叶和果实可用于咳嗽和肾虚。

150. 崖花子　*Pittosporum truncatum*

形态　常绿灌木。叶簇生于枝顶，硬革质，倒卵形或菱形，先端宽而有短急尖，有时有浅裂。花单生或数朵成伞形状，生于枝顶叶腋内；花梗无毛，或略有白茸毛；萼片卵形，无毛，边缘有睫毛；花瓣倒披针形。蒴果短椭圆形，长9毫米，宽7毫米，2片裂开，果片薄，内侧有小横格。种子16~18粒，种柄扁而细，长1.5毫米。

生境　海拔300~2600米的森林、草丛和山谷的河畔。

分布　云台山有分布。

用途　根入药,具有散瘀止痛、祛风活络的药效;叶入药,有解毒、止血的药效;种子入药,具有涩肠、固精的药效。

151. 卵果海桐　*Pittosporum ovoideum*

形态　常绿灌木。叶簇生于枝顶,厚革质,二年生,倒卵状披针形,先端渐尖,有时钝或圆形,基部楔形;叶柄扁平,上半部有窄翅。花生于枝顶叶腋,排成伞形花序,花梗被毛,苞片线形;萼片披针形有稀疏柔毛;花瓣长9~10毫米,宽2毫米,离生。蒴果扁球形,直径1.3~1.6厘米,2片裂开,果片厚2~3毫米,内侧扁平,有突起横格。种子16~24粒,长3毫米,种柄极短。

生境　石灰岩的山地常绿林。

分布　云台山有分布,贵州东南部亦有分布。

用途　观赏,果实可做药用。

蔷薇科　Rosaceae

152. 单瓣缫丝花　*Rosa roxburghii*

形态　灌木。小叶片椭圆形或长圆形,稀倒卵形,先端急尖或圆钝,基部宽楔形,边缘有细锐锯齿;托叶大部贴生于叶柄,离生部分呈钻形,边缘有腺毛。花单生或2~3朵生于短枝顶端;小苞片2~3枚,卵形,边缘有腺毛;萼

片通常宽卵形，先端渐尖，有羽状裂片，内面密被茸毛，外面密被针刺；花瓣单瓣，粉红色，微香，倒卵形，外轮花瓣大，内轮较小。果扁球形，直径4~6厘米，外面密生针刺；萼片宿存，直立。花期5~7月，果期8~10月。

生境 海拔500~2500米的向阳山坡、沟谷、路旁以及灌丛中。

分布 施秉各地均有分布。

用途 根入药，有健胃消食、止痛、收涩和止血的药效；叶入药，可清热解暑、解毒疗疮和止血；果实可食用，若入药，可健胃消食。

153. 粉团蔷薇 *Rosa multiflora var. cathayensis*

形态 攀援灌木。小叶5~9，近花序处有小叶3；小叶片倒卵形、长圆形或卵形，先端急尖或圆钝，基部近圆形或楔形，边缘有尖锐单锯齿，稀混有重锯齿，叶上表面无毛，下表面有柔毛；小叶柄和叶轴有柔毛或无毛，有散生腺毛；托叶篦齿状。花多朵，排成圆锥状花序，无毛或有腺毛；萼片披针形；花瓣粉红色，宽倒卵形，先端微凹，基部楔形。果近球形，直径6~8毫米，红褐色或紫褐色，有光泽，无毛，萼片脱落。

生境 海拔达1300米左右的山坡、灌丛或河边等。

分布 赖洞坝附近、云台山有分布。

用途 根、叶及花均可入药，根具有清热利湿、祛风、活血及解毒的药效；叶外敷，可生肌收口；花具有清暑、和胃和止血的药效。

154. 小果蔷薇 *Rosa cymosa*

形态 攀援灌木；小枝圆无毛或稍有柔毛，有钩状皮刺。小叶片卵状披针形或椭圆形，稀长圆披针形，先端渐尖，基部近圆形；小叶柄和叶轴无毛或有柔毛，有稀疏皮刺和腺毛；托叶膜质，离生，线形，早落。花多朵排成复伞房花序；萼片卵形，先端渐尖，常有羽状裂片，外面近无毛，稀有刺毛，内面被稀疏白色茸毛，沿边缘较密；花瓣白色，倒卵形，先端凹，基部楔形；花柱离生，与雄蕊近等长，密被白色柔毛。果球形，红色至黑褐色，萼片脱落。花期5~6月，果期7~11月。

生境 海拔250~1300米的向阳山坡、路旁、溪边或丘陵地。

分布 白塘村及云台山有分布。

用途 根入药，可祛风除湿、收敛固脱；叶入药，可解毒消肿。

065

155. 悬钩子蔷薇 *Rosa rubus*

形态　匍匐灌木。小叶5，小叶片卵状椭圆形、倒卵形或和圆形，先端尾尖、急尖或渐尖，基部近圆形或宽楔形，边缘有尖锐锯齿；小叶柄和叶轴有柔毛和散生的小沟状皮刺；托叶先端渐尖，全缘常带腺体，有毛。圆锥状伞房花序；总花梗和花梗均被柔毛和稀疏腺毛；萼筒球形至倒卵球形，外被柔毛和腺毛；萼片披针形，先端长渐尖，通常全缘，两面均密被柔毛；花瓣白色，倒卵形，先端微凹，基部宽楔形。果近球形，直径8~10毫米，猩红色至紫褐色，有光泽。花期4~6月，果期7~9月。

生境　海拔500~1300米的山坡、路旁、草地或灌丛中。

分布　云台山有分布。

用途　果可生食。根皮含鞣质11%~19%，可提制栲胶；鲜花可提制芳香油及浸膏；果可酿酒及制果酱。

156. 月季花 *Rosa chinensis*

形态　直立灌木。小叶片宽卵形至卵状长圆形，先端长渐尖或渐尖，基部近圆形或宽楔形，边缘有锐锯齿，两面近无毛；托叶边缘常有腺毛。花数朵集生，稀单生，近无毛或有腺毛；萼片卵形，先端尾状渐尖，有时呈叶状，边缘常有羽状裂片，稀全缘，外面无毛，内面密被长柔毛；花瓣重瓣至半重瓣，红色、粉红色至白色，倒卵形，先端有凹缺，基部楔形。果卵球形或梨形，长1~2厘米，红色，萼片脱落。花期4~9月，果期6~11月。

生境　适应性强，耐寒耐热，地栽、盆栽皆可。

分布　贵州为原产地之一，园艺品种很多，施秉县城多有栽培。

用途　花入药，有活血调经、解毒消肿的药效，治月经不调、痛经、闭经和瘀血肿痛等。

157. 毛萼蔷薇 *Rosa lasiosepala*

形态　攀援灌木。小叶5，革质；小叶片椭圆形，稀卵状长圆形，先端渐尖或短尾尖，基部圆形，边缘有尖锐锯齿，两面无毛；托叶大部贴生于叶柄，离生部分卵状披针

形,边缘有毛和腺毛。花多数排成复伞房状;总花梗和花梗均密被短柔毛;萼片披针形,萼筒和萼片内外两面均密被柔毛;花瓣白色,倒卵形,先端凹凸不整,基部楔形,外面有稀疏柔毛;雄蕊多数,花柱结合成柱,密被白色柔毛。果近球形或卵球形,紫褐色,有稀疏柔毛。

生境 海拔900~1800米的山谷或山坡疏密林中以及路旁、水边等处。

分布 云台山有分布。

用途 蔷薇果含多种维生素,可用于维生素提取的原料。

158. 木莓 *Rubus swinhoei*

形态 落叶或半常绿灌木。单叶,叶形变化较大,宽卵形至长圆披针形,顶端渐尖,基部截形至浅心形,边缘有不整齐粗锐锯齿,稀缺刻状,叶脉9~12对;叶柄被灰白色茸毛,有时具钩状小皮刺;托叶卵状披针形,全缘或顶端有齿,膜质,早落。花5~6朵,成总状花序;总花梗、花梗和花萼均被紫褐色腺毛和稀疏针刺;苞片与托叶有时具深裂锯齿;花萼被灰色茸毛;萼片卵形或三角状卵形,顶端急尖,全缘,花瓣白色,宽卵形或近圆形,有细短柔毛。果实球形,由多数小核果组成,无毛,味酸涩;核具明显皱纹。花期5~6月,果期7~8月。

生境 海拔300~1500米的山坡疏林、灌丛中、生溪谷边及杂木林下。

分布 黑冲、云台山有分布。

用途 果可食,入药有补肝肾、缩小便、助阳、固精和明目的药效。

159. 山莓 *Rubus corchorifolius*

形态 直立灌木。枝具皮刺。单叶,卵形至卵状披针形,顶端渐尖,基部微心形,有时近截形或近圆形,边缘不分裂或3裂,基部具3脉;叶柄疏生小皮刺;托叶线状披针形,具柔毛。花单生或少数生于短枝上;花梗具细柔毛;花萼外密被细柔毛,无刺;萼片卵形或三角状卵形,顶端急尖至短渐尖;花瓣长圆形或椭圆形,白色,顶端圆钝,长9~12毫米,宽6~8毫米,长于萼片。果实由很多小核果组成,近球形或卵球形,红色,密被细柔毛;核具皱纹。花期2~3月,果期4~6月。

生境 海拔200~2200米的向阳山坡、溪边、山谷、荒地和疏密灌丛中潮湿处。

分布 云台山有分布。

用途 果味甜美,含糖、苹果酸、柠檬酸及维生素C等,可供生食、制果酱及酿酒。果实入药,有醒酒止渴、化痰解毒和收涩的药效。

160. 红花悬钩子 *Rubus inopertus*

形态 攀援灌木。小枝紫褐色，无毛，疏生钩状皮刺。小叶7~11枚，稀5枚，卵状披针形或卵形，顶端渐尖，基部圆形或近截形，边缘具粗锐重锯齿；托叶线状披针形。花数朵簇生或成顶生伞房花序；总花梗和花梗均无毛；苞片线状披针形；花直径达1.2厘米；花萼外面无毛或仅于萼片边缘具茸毛；萼片卵形或三角状卵形，顶端急尖至渐尖，在果期常反折；花瓣倒卵形，粉红色至紫红色，基部具短爪或柔毛。果实球形，直径6~8毫米，熟时紫黑色，外面被柔毛；核有细皱纹。花期5~6月，果期7~8月。

生境 海拔800~2800米的山地密林边或沟谷旁及山脚岩石上。

分布 黑冲附近有分布。

用途 民间作草药。

161. 乌泡子 *Rubus parkeri*

形态 攀援灌木。枝细长，密被灰色长柔毛，疏生紫红色腺毛和微弯皮刺。单叶，卵状披针形或卵状长圆形，顶端渐尖，基部心形，边缘有细锯齿和浅裂片；叶柄密被长柔毛，疏生腺毛和小皮刺；托叶脱落，常掌状条裂，被长柔毛。大型圆锥花序顶生，稀腋生；花萼紫红色；萼片卵状披针形，顶端短渐尖，全缘，内有灰白色茸毛；花直径约8毫米；花瓣白色，但常无花瓣；雄蕊多数，花丝线形；雌蕊少数，无毛。果实球形，直径约4~6毫米，紫黑色，无毛。花期5~6月，果期7~8月。

生境 海拔1000米以下的山地疏密林中阴湿处或溪旁及山谷岩石上。

分布 云台山有分布。

用途 根入药，有调经、止血和祛痰止咳的药效，主治月经不调、闭经、便血和咳嗽痰多等。

162. 黄脉莓 *Rubus xanthoneurus*

形态 攀援灌木。单叶，长卵形至卵状披针形，顶端渐尖，基部浅心形或截形，上表面沿叶脉有长柔毛，下表面密被灰白色或黄白色茸毛，边缘常浅裂，有不整齐粗锐锯齿；叶柄有茸毛，疏生小皮刺；托叶离生。圆锥花序顶生或腋生；总花梗和花梗被茸毛状短柔毛；萼片卵形，外被灰白色茸毛，顶端渐尖，外萼片浅条裂；花瓣小，白色，倒卵圆形，长约3毫米，比萼片短，有细柔毛；雄蕊多数，短于萼片，花丝线形；雌蕊10~35；无毛。

果实近球形，暗红色，无毛；核具细皱纹。花期6~7月，果期8~9月。

生境 海拔2000米以下的荒野、山坡疏林阴处、密林或路旁沟边。

分布 黑冲、云台山等地有分布。

用途 民间作草药。

163. 周毛悬钩子 *Rubus amphidasys*

形态 小灌木。单叶，宽长卵形，顶端短渐尖或急尖，基部心形，两面均被长柔毛，边缘3~5浅裂，裂片圆钝；叶柄被红褐色长腺毛、软刺毛和淡黄色长柔毛；托叶离生，羽状深条裂，裂片条形或披针形，被长腺毛和长柔毛。花常5~12朵成近总状花序，顶生或腋生，稀3~5朵簇生；花直径1~1.5厘米；萼片狭披针形，长1~1.7厘米，顶端尾尖，外萼片常2~3条裂；花瓣宽卵形至长圆形，长4~6毫米，宽3~4毫米，白色，基部几无爪，比萼片短。果实扁球形，直径约1厘米，暗红色，无毛，包藏在宿萼内。花期5~6月，果期7~8月。

生境 海拔400~1600米的山坡路旁丛林或竹林内，以及山地红黄壤林下。

分布 两岔河有分布。

用途 果可食，全株入药，有活血、治风湿的药效。

164. 灰白毛莓 *Rubus tephrodes*

形态 攀援灌木。单叶，近圆形，端急尖或圆钝；叶柄具茸毛，疏生小皮刺或刺毛及腺毛；托叶小，离生。大型圆锥花序顶生；总花梗和花梗密被茸毛或茸毛状柔毛，通常仅总花梗的下部有稀疏刺毛或腺毛；苞片与托叶相似；花萼外密被灰白色茸毛，通常无刺毛或腺毛；萼片卵形，顶端急尖，全缘；花瓣白色，近圆形至长圆形。果

实球形，紫黑色，无毛，由多数小核果组成；核有皱纹。花期6~8月，果期8~10月。

　　生境　海拔400~1600米的山坡路旁丛林或竹林内，以及山地红黄壤林下。

　　分布　两岔河有分布。

　　用途　根入药，能祛风湿、活血调经，叶可止血，种子为强壮剂。

165. 毛果绣线梅　*Neillia thyrsiflora var. tunkinensis*

　　形态　直立灌木。叶片卵形至卵状椭圆形，近花序叶片常呈卵状披针形，先端长渐尖，基部圆形或近心形，通常基部3深裂，稀有不规则的3~5浅裂，边缘有尖锐重锯齿，下表面沿叶脉有稀疏柔毛或近于无毛；叶柄长1~1.5厘米，微被毛或近于无毛；托叶卵状披针形，有稀疏锯齿，长约6毫米，两面近于无毛。顶生圆锥花序，花瓣倒卵形，白色，长约2毫米；雄蕊10~15，花丝短，着生在萼筒边缘。

　　生境　海拔1000~2700米的山坡林或山谷密林中。

　　分布　杉木河有分布。

　　用途　民间作草药。

豆科　Leguminosae

166. 西南杭子梢　*Campylotropis delavayi*

　　形态　灌木。全珠除小叶上表面及花冠外均密被灰白色绢毛。羽状复叶具3小叶，小叶宽倒卵形、宽椭圆形或倒心形。总状花序通常单一腋生并顶生，有时花序轴再分枝，常于顶部形成无叶的较大圆锥花序；苞片宿存，花梗密被丝状柔毛，小苞片早落，花萼密被灰白色绢毛；花冠深堇色或红紫色，旗瓣宽卵状椭圆形，翼瓣略呈半椭圆形，均具细瓣柄，龙骨瓣略成直角或锐角内弯。荚果，表面被短绢毛。花期10~11（12）月，果期11~12月。

　　生境　海拔400~2200米的山坡、灌丛及向阳草地等。

　　分布　舞阳河畔及云台山有分布。

　　用途　根入药，有解热之效，主治风热感冒、发热等。

豆科

167. 天蓝苜蓿　*Medicago lupulina*

形态　一年或多年生草本，全株被柔毛或腺毛。羽状3出复叶；托叶卵状披针形，先端渐尖，基部圆形或戟状，常齿裂；小叶倒卵形、阔倒卵形或倒心形，纸质。花序小头状；总花梗密被贴伏柔毛；苞片刺毛状，甚小；花长2~2.2毫米；萼钟形，密被毛；花冠黄色，旗瓣近圆形，顶端微凹，翼瓣和龙骨瓣近等长，均比旗瓣短。荚果肾形，表面具同心弧形脉纹，被稀疏毛。种子卵形，褐色，平滑。花期7~9月，果期8~10月。

生境　喜凉爽气候及水份良好的土壤，但在各种条件下都有野生分布，常见于河岸、路边、田野及林缘。

分布　白塘村附近及云台山有野生分布。

用途　全草入药，有清热利湿、凉血止血和舒筋活络的药效。

168. 白车轴草　*Trifolium repens*

形态　多年生草本。茎匍匐蔓生，上部稍上升，节上生根，全株无毛。掌状3出复叶；小叶倒卵形至近圆形，先端凹头至钝圆；小叶柄微被柔毛。花序球形，顶生；无总苞；苞片披针形，膜质；萼钟形，具脉纹10条，萼齿5，披针形，无毛；花冠白色、乳黄色或淡红色，具香气。旗瓣椭圆形，比翼瓣和龙骨瓣长近1倍，龙骨瓣比翼瓣稍短。荚果长圆形；种子通常3粒，阔卵形。花果期5~10月。

生境　在湿润草地、河岸和路边呈半自生状态，施秉县城等地常用于绿化。

分布　舞阳河、杉木河及其他湿润地带有零星分布。

用途　全草入药，有清热、凉血和宁心的药效。

169. 扁豆　*Lablab purpureus*

形态　多年生缠绕藤本，全株无毛。羽状复叶具3小叶；小叶宽三角状卵形，侧生小叶两边不等大，偏斜，先端急尖或渐尖，基部近截平。总状花序，直立；小苞片2；花萼钟状；花冠白色或紫色，旗瓣圆形，基部两侧具2枚长而直立的小附属体，附属体下有2耳，翼瓣宽倒卵形，具截平的耳，龙骨瓣呈直角弯曲，基部渐狭成瓣柄。荚果

071

长圆状镰形，直或稍向背弯曲，顶端有弯曲的尖喙，基部渐狭。种子3~5粒，扁平，长椭圆形。花期4~12月。

生境 全国范围内广泛栽培。

分布 在施秉等地为栽培物种。

用途 嫩荚可食用，白花和白色种子入药，有消暑除湿、健脾止泻的药效。

170. 葛 *Pueraria lobata*

形态 藤本，全体被黄色长硬毛，有粗厚的块状根。羽状复叶具3小叶；小叶3裂，偶尔全缘，顶生小叶宽卵形或斜卵形，先端长渐尖；小叶柄被黄褐色茸毛。总状花序；苞片线状披针形或线形，早落；小苞片卵形，花2~3朵聚生于花序轴的节上；花萼钟形，被黄褐色柔毛，裂片披针形，渐尖，比萼管略长；花冠紫色，旗瓣倒卵形，基部有2耳及一黄色硬痂状附属体，具短瓣柄，翼瓣镰状，较龙骨瓣为狭，基部有线形、向下的耳，龙骨瓣镰状长圆形，基部有极小、急尖的耳；对旗瓣的1枚雄蕊仅上部离生。荚果，被褐色长硬毛。花期9~10月，果期11~12月。

生境 山地疏林或密林中。

分布 两岔河有分布。

用途 葛根入药，有解表退热、生津止渴和止泻的药效，葛粉可用于解酒。

171. 长柄山蚂蝗 *Hylodesmum podocarpum*

形态 直立草本。叶为羽状3出复叶，小叶3，叶纸质，顶生小叶宽倒卵形，先端凸尖，基部楔形或宽楔形，全缘，两面疏被短柔毛或无毛，侧脉每边约4条，直达叶缘；小叶柄被伸展短柔毛。总状花序或圆锥花序，顶生或腋生；总花梗被柔毛和钩状毛；苞片早落，窄卵形，被柔毛；花萼钟形，裂片极短，较萼筒短，被小钩状毛；花冠紫红色，长约4毫米，旗瓣宽倒卵形，翼瓣窄椭圆形，龙骨瓣与翼瓣相似，均无瓣柄；雄蕊单体。荚果长约1.6厘米，通常有2荚节，背缝线弯曲，节间深凹入达腹缝线。花果期8~9月。

生境 海拔100~2100米的路边、草坡、高山草地、山坡、林间和林缘等地。

分布 两岔河有分布。

用途 根皮入药，有清热、解毒和利咽的药效，可用于发热、喉痛和肺热咳嗽等。

豆科

172. 尖叶长柄山蚂蝗 *Hylodesmum podocarpum var.oxyphyllum*

形态 直立草本，高50~100厘米。根茎稍木质；茎具条纹，疏被伸展短柔毛。叶为羽状3出复叶，小叶3，顶生小叶菱形，长4~8厘米，宽2~3厘米，先端渐尖，尖头钝，基部楔形。雄蕊单体；雌蕊长约3毫米。荚果长约1.6厘米。

生境 海拔400~2190米的山坡路旁、沟旁、林缘或阔叶林中。

分布 两岔河附近有分布。

用途 全株入药，有解表散寒、祛风解毒的药效，可治风湿骨痛、咳嗽吐血。

173. 野豇豆 *Vigna vexillata*

形态 多年生攀援或蔓生草本。羽状复叶具3小叶；托叶卵形至卵状披针形，基部心形或耳状，被缘毛；小叶膜质，形状变化较大，卵形至披针形，先端急尖或渐尖，基部圆形或楔形，通常全缘，两面被棕色或灰色柔毛。花序腋生；旗瓣黄色、粉红或紫色，有时在基部内面具黄色或紫红斑点，顶端凹缺，无毛，翼瓣紫色，基部稍淡，龙骨瓣白色或淡紫，镰状，喙部呈180°弯曲，具明显的袋状附属物。荚果直立，线状圆柱形，长4~14厘米，宽2.5~4毫米，被刚毛；种子10~18粒，浅黄至黑色，无斑点或棕色至深红而有黑色之溅点，长圆形或长圆状肾形，长2~4.5毫米。花期7~9月。

生境 生于旷野、灌丛或疏林中。

分布 黑冲等地有分布。

用途 本种的根或全株作草药，有清热解毒、消肿止痛和利咽喉的药效。

174. 贼小豆 *Vigna minima*

形态 一年生缠绕草本。茎纤细，无毛或被疏毛。羽状复叶具3小叶；托叶披针形，盾状着生，被疏硬毛；小叶卵形、卵状披针形、披针形或线形，先端急尖或钝，基部圆形或宽楔形，两面近无毛或被极稀疏的糙伏毛。总状花序柔弱；小苞片线形或线状披针形；花萼钟状，长约3毫米，具不等大的5齿，裂齿被硬缘毛；花冠黄色，旗瓣极外弯，近圆形；龙骨瓣具长而尖的耳。荚果圆柱形，长3.5~6.5厘米，宽4毫米，无毛，开裂后旋卷。种子4~8粒，长圆形，长约4毫米，

宽约2毫米，深灰色。种脐线形，凸起，长3毫米。花果期8~10月。

生境 草地或丛林。

分布 在施秉等地有栽培。

用途 果实供食用。

175. 大叶胡枝子 *Lespedeza davidii*

形态 直立灌木。枝条有明显的条棱，密被长柔毛。托叶2，卵状披针形，被短硬毛；小叶宽卵圆形或宽倒卵形，先端圆或微凹，基部圆形或宽楔形，全缘，两面密被黄白色绢毛。总状花序腋生或于枝顶形成圆锥花序；总花梗密被长柔毛；小苞片卵状披针形，外面被柔毛；花萼阔钟形，5深裂，裂片披针形，被长柔毛；花红紫色，旗瓣倒卵状长圆形，顶端圆或微凹，基部具耳和短柄，翼瓣狭长圆形，比旗瓣和龙骨瓣短，基部具弯钩形耳和细长瓣柄，龙骨瓣略呈弯刀形，与旗瓣近等长，基部有明显的耳和柄。荚果卵形，长8~10毫米，先端具短尖，基部圆，表面具网纹和稍密的绢毛。花期7~9月，果期9~10月。

生境 海拔800米左右的干旱山坡、路旁或灌丛中。

分布 黑冲有分布。

用途 根及叶入药，有通经活络的药效，主治头昏眼花、手脚麻木等。

176. 截叶铁扫帚 *Lespedeza cuneata*

形态 小灌木，高达1米。茎直立或斜升，被毛，上部分枝，分枝斜上举。叶密集，柄短；小叶楔形或线状楔形，先端截形成近截形，具小刺尖，基部楔形，上表面近无毛，下表面密被伏毛。总状花序腋生；小苞片卵形或狭卵形，先端渐尖，背面被白色伏毛，边具缘毛；花萼狭钟形，密被伏毛，5深裂，裂片披针形；花冠淡黄色或白色，旗瓣基部有紫斑，有时龙骨瓣先端带紫色，翼瓣与旗瓣近等长，龙骨瓣稍长；闭锁花簇生于叶腋。荚果宽卵形或近球形，被伏毛，长2.5~3.5毫米，宽约2.5毫米。花期7~8月，果期9~10月。

生境 海拔800米左右的干旱山坡、路旁或灌丛中。

分布 黑冲有分布。

用途 全草或带根全草入药，有补肝肾、益肺阴和散瘀消肿的药效。

豆科

177. 细梗胡枝子　*Lespedeza virgata*

形态　小灌木。基部分枝，枝细，带紫色，被白色伏毛。托叶线形，长5毫米；羽状复叶具3小叶，小叶椭圆形、长圆形或卵状长圆形，稀近圆形，先端钝圆，有时微凹，有小刺尖，基部圆形，边缘稍反卷，上表面无毛，下表面密被伏毛，侧生小叶较小；叶柄被白色伏柔毛。总状花序腋生，通常具3朵稀疏的花；总花梗纤细，毛发状，被白色伏柔毛，显著超出叶；苞片及小苞片披针形，长约1毫米，被伏毛；花梗短；花萼狭钟形，长4~6毫米，旗瓣长约6毫米，基部有紫斑，翼瓣较短，龙骨瓣长于旗瓣或近等长；闭锁花簇生于叶腋，无梗，结实。荚果近圆形，通常不超出萼。花期7~9月，果期9~10月。

生境　海拔800米以下的石山山坡。

分布　云台山有分布。

用途　全草可入药具有清热止血的药效，主治疟疾。

178. 铁马鞭　*Lespedeza pilosa*

形态　多年生草本，全株密被长柔毛。羽状复叶具3小叶；小叶宽倒卵形或倒卵圆形，先端圆形、近截形或微凹，有小刺尖，基部圆形或近截形，两面密被长毛。总状花序腋生；小苞片2，披针状钻形，背部中脉具长毛，边缘具缘毛；花萼密被长毛，5深裂瓣柄，翼瓣比旗瓣和龙骨瓣短；闭锁花常1~3朵集生于茎上部叶腋，无梗或近无梗。荚果广卵形，长3~4毫米，凸镜状，两面密被长毛，先端具尖喙。花期7~9月，果期9~10月。

生境　生于海拔1000米以下的荒山坡及草地。

分布　黑冲等地有分布。

用途　全株药用，有祛风活络、健胃益气及安神的药效。

179. 亮叶崖豆藤　*Millettia nitida*

形态　攀援灌木，长2~5米。茎皮灰褐色，剥裂，枝无毛或被微毛。羽状复叶长15~30厘米；叶柄长5~12厘米。圆锥花序顶生，宽大，长达40厘米，花冠紫红色。花期5~9月，果期6~11月。

生境　海拔2500米左右的山坡杂木林与灌丛中，或谷地、溪沟和路旁。

分布　云台山有分布。

用途　茎入药，有行血通经的药效。

075

180. 鹿藿　*Rhynchosia volubilis*

形态　缠绕草质藤本。叶为羽状或有时近指状，3小叶，小叶纸质，顶生小叶菱形或倒卵状菱形，先端钝，或为急尖，常有小凸尖，基部圆形或阔楔形，两面均被灰色或淡黄色柔毛，下表面尤密，并被黄褐色腺点；基出脉3条。总状花序，腋生；花萼钟状，裂片披针形，外面被短柔毛及腺点；花冠黄色，旗瓣近圆形，有宽而内弯的耳，翼瓣倒卵状长圆形，基部一侧具长耳，龙骨瓣具喙；雄蕊二体。荚果长圆形，红紫色，长1~1.5厘米，宽约8毫米，极扁平，在种子间略收缩，稍被毛或近无毛，先端有小喙；种子通常2粒，椭圆形或近肾形，黑色，光亮。花期5~8月，果期9~12月。

生境　海拔200~1000米的山坡路旁草丛中。

分布　两岔河等地有分布。

用途　根入药，有祛风和血、镇咳祛痰的药效，治风湿骨痛、气管炎；叶外用治疮疥。

181. 刺序木蓝　*Indigofera silvestrii*

形态　多枝灌木。羽状复叶，小叶对生，稍带肉质，倒卵形、倒卵状长圆形、长圆形或椭圆形，先端圆钝，基部阔楔形或圆形。总状花序；苞片线形，早落；花梗被毛；花萼钟状，外面有粗丁字毛，萼齿线形；花冠紫红色，旗瓣倒阔卵形，外面有细柔毛，先端圆钝，基部有瓣柄，翼瓣有缘毛，基部有耳，龙骨瓣略短于翼瓣，距长约0.5毫米，先端有毛。荚果线状圆柱形，长2~3(4)厘米，被毛。种子间有隔膜，内果皮有紫红色斑点，有种子6~7粒；种子赤褐色，长圆形或近方形，长2~3毫米，宽约2毫米。果梗下弯。花期6~7月，果期8~10月。

生境　海拔100~2700米的干燥的山坡、向阳的岩石缝及河边。

分布　云台山有分布。

用途　民间作草药，可止痛。

182. 多花木蓝　*Indigofera amblyantha*

形态　直立灌木。茎褐色或淡褐色，圆柱形，幼枝具棱，密被白色平贴丁字毛，后变无毛。羽状复叶长，小叶对生，稀互生，通常为卵状长圆形、长圆状椭圆形、椭圆形或近圆形，先端圆钝，具小尖头，基部楔形或阔楔

豆科

形，中脉在叶上表面微凹，下表面隆起，侧脉4~6对；小叶柄被毛。总状花序腋生；苞片线形，早落；花萼被白色平贴丁字毛；花冠淡红色，旗瓣倒阔卵形，先端螺壳状，瓣柄短，外面被毛，翼瓣长约7毫米，龙骨瓣较翼瓣短，距长约1毫米。荚棕褐色，线状圆柱形，长3.5~7厘米，被短丁字毛，种子间有横隔，内果皮无斑点。种子褐色，长圆形，长约2.5毫米。花期5~7月，果期9~11月。

生境　海拔600~1600米的山坡草地、沟边、路旁灌丛中及林缘。

分布　两岔河附近有分布。

用途　全草入药，有清热解毒、消肿止痛的药效。

183. 河北木蓝　*Indigofera bungeana*

形态　小灌木，多分枝。羽状复叶被平贴丁字毛，叶轴上面扁平；托叶小，狭三角形，早落；小叶对生，椭圆形、倒卵形或倒卵状椭圆形，先端圆或微凹，有小尖头，基部阔楔形或近圆形。总状花序；花萼钟状，外面有白色和棕色平贴丁字毛，萼齿不等长，与萼筒近等长或略长；花冠淡红色或紫红色，旗瓣倒阔卵形，长4.5~6.5毫米，先端螺壳状，基部有瓣柄，外面有丁字毛；翼瓣基部有耳状附属物，龙骨瓣近等长，距长约1毫米，基部具耳；荚果线状圆柱形，顶端渐尖，幼时密生短丁字毛，种子间有横隔，仅在横隔上有紫红色斑点；种子椭圆形。花期5~8月，果期9~10月。

生境　海拔100~1300米的山坡林缘及灌木丛中。

分布　黑冲等地有分布。

用途　根入药，有清凉解表、活血祛瘀的药效。

184. 长萼鸡眼草　*Kummerowia stipulacea*

形态　一年生草本。3出羽状复叶；小叶纸质，倒卵形、宽倒卵形或倒卵状楔形，先端微凹或近截形，基部楔形，全缘；托叶卵形。花常1~2朵腋生；小苞片4，常具1~3条脉；花梗有毛；花萼膜质，阔钟形，5裂，裂片宽卵形，有缘毛；花冠上部暗紫色，长5.5~7毫米，旗瓣椭圆形，先端微凹，下部渐狭成瓣柄，较龙骨瓣短，翼瓣狭披针形，与旗瓣近等长，龙骨瓣钝，上面有暗紫色斑点；雄蕊二体

(9+1)。荚果椭圆形或卵形,稍侧偏,长约3毫米,较萼长1.5~3倍。花期7~8月,果期8~10月。

生境 海拔100~1200米的路旁、草地、山坡、固定或半固定沙丘等处。

分布 云台山有分布。

用途 全草药用,能清热解毒、健脾利湿,又可做饲料及绿肥。

185. 合欢 *Albizia julibrissin*

形态 落叶乔木。嫩枝、花序和叶轴被茸毛或短柔毛。托叶线状披针形,较小叶小,早落;2回羽状复叶,小叶线形至长圆形,先端有小尖头,有缘毛。头状花序于枝顶排成圆锥花序;花粉红色;花萼管状,长3毫米;花冠长8毫米,裂片三角形,长1.5毫米,花萼、花冠外均被短柔毛;花丝长2.5厘米。荚果带状,长9~15厘米,宽1.5~2.5厘米,嫩荚有柔毛,老荚无毛。花期6~7月,果期8~10月。

生境 山坡或栽培。

分布 云台山有野生分布,施秉其他地区也有栽培。

用途 嫩叶可食用,树皮供药用,有驱虫的功效。

186. 云实 *Caesalpinia decapetal*

形态 藤本。枝、叶轴和花序均被柔毛和钩刺。2回羽状复叶,膜质,长圆形,两端近圆钝,两面均被短柔毛;托叶小,斜卵形,先端渐尖,早落。总状花序顶生,直立;总花梗多刺;萼片5,长圆形,被短柔毛;花瓣黄色,膜质,圆形或倒卵形;雄蕊与花瓣近等长,花丝基部扁平,下部被绵毛。荚果长圆状舌形,脆革质,栗褐色,无毛,有光泽,沿腹缝线膨胀成狭翅,成熟时沿腹缝线开裂,先端具尖喙;种子6~9粒,椭圆状,长约11毫米,宽约6毫米,种皮棕色。花果期4~10月。

生境 山坡灌丛中及平原、丘陵和河旁等地。

分布 黑冲等地有分布。

用途 根、茎及果药用,有发表散寒、活血通经和解毒杀虫的药效,治筋骨疼痛、跌打损伤。

牻牛儿苗科

187. 黄槐决明　*Cassia surattensis*

形态　灌木或小乔木。羽状复叶，小叶10~20；在叶轴上，两小叶之间有1个腺体；小叶矩圆形，长2~3.5厘米，宽10~16毫米，先端圆，微缺，基部圆，微偏斜，下表面密生短柔毛并带灰白色粉霜。花大，排成腋生的伞房花序；萼片5，分离，椭圆形，长约6毫米；花冠黄色，花瓣倒卵状椭圆形，长约15~16毫米，有短爪；雄蕊10，全部发育，近等长。荚果条形，长7.5~10厘米；种子10~12粒。

生境　海拔750~1500米的路边、河旁等地，喜光，喜肥沃且排水较好的土壤。

分布　云台山的分布。

用途　叶入药，有清凉解毒、润肺的药效。

牻牛儿苗科　Geraniaceae

188. 尼泊尔老鹳草　*Geranium nepalense*

形态　多年生草本，高30~50厘米。根为直根，多分枝。茎多数，细弱，仰卧，被倒生柔毛。叶常对生；托叶披针形，外被柔毛；基生叶和茎下部叶具长柄；叶片五角状肾形，茎部心形，掌状5深裂，表面被疏伏毛，背面被疏柔毛，沿脉被毛较密；上部叶具短柄，叶片较小。总花梗腋生，被倒向柔毛；苞片披针状钻形，棕褐色干膜质；萼片被疏柔毛，边缘膜质；花瓣倒卵形，雄蕊下部具缘毛；花柱不明显。蒴果，喙被短柔毛。花期4~9月，果期5~10月。

生境　山地阔叶林林缘、灌丛和荒山草坡，亦为山地杂草。

分布　两岔河、云台山、白塘村、黑冲和杉木河等地有分布。

用途　全草入药，有强筋骨、祛风湿和收敛止泻等药效。

079

酢浆草科　Oxalidaceae

189. 山酢浆草　*Oxalis acetosella*

形态　一年生草本；根状茎斜卧，有残留的鳞片状叶柄基。三小叶复叶，少数，均基生；小叶倒三角形，顶端凹缺，上、下表面均被柔毛；叶柄密被长柔毛。花白色或淡黄色，单生于花梗上；花梗基生，中部有1苞片，被毛；萼片5；花瓣5；雄蕊10，5长5短；子房5室，花柱5。蒴果成熟时室背开裂，弹出种子。

生境　山地林下阴湿地。

分布　施秉地区有栽培，偶见半野生分布。

用途　全草入药，能利尿解热。

亚麻科　Linaceae

190. 青篱柴　*Tirpitzia sinensis*

形态　灌木或小乔木，高1~5米。树皮灰褐色，无毛，有灰白色椭圆形的皮孔，小枝有纵沟纹。叶纸质或厚纸质，椭圆形、倒卵状椭圆形或卵形，全缘，表面中脉平坦，背面凸起。聚伞花序在茎和分枝上部腋生；苞片小，宽卵形；萼片5，披针形，有纵棱多条，宿存；花瓣5，白色，爪细，旋转排列成管状，瓣片阔倒卵形，开展；雄蕊5，花丝基部合生成筒状；子房4室，每室有胚珠2枚；花柱4枚，柱头头状。蒴果长椭圆形或卵形，枯褐色；种子具膜质翅，翅倒披针形，稍短于蒴果。花期5~8月。

生境　海拔340~2000米的路旁、山坡、山地沃土和石灰岩山顶阳处。

分布　白沙井附近有分布。

用途　茎与叶能消肿止痛、接骨。

大戟科 Euphorbiaceae

191. 黄苞大戟 *Euphorbia sikkimensis*

形态 多年生草本。根圆柱状，长20~40厘米。茎高20~80厘米，全株无毛。叶互生，长椭圆形，先端钝圆，全缘；主脉于叶两面明显，侧脉不达边缘；叶柄极短或近无柄；总苞叶常为5，黄色；次级总苞叶常3枚，卵形；苞叶2枚，卵形。花序单生分枝顶端，基部具短柄；总苞钟状，边缘4裂，裂片半圆形；雄花多数；雌花1枚，子房柄明显伸出总苞外；子房光滑无毛；花柱分离；柱头2裂。蒴果球状；花柱早落。种子卵球状，腹面具白色纹饰；种阜盾状。花期4~7月，果期6~9月。

生境 海拔600~4500米的山坡、疏林下或灌丛。

分布 云台山有分布。

用途 嫩叶可食用或作家畜饲料。

192. 泽漆 *Euphorbia helioscopia*

形态 一年生草本。根纤细。茎直立，分枝斜展向上，光滑无毛。叶互生，倒卵形或匙形，先端具牙齿，中部以下渐狭；总苞叶5枚，倒卵状长圆形，先端具牙齿，无柄；总伞幅5枚；苞叶2枚，卵圆形。花序单生；总苞钟状，光滑无毛，边缘5裂；腺体4，盘状；雄花数枚，明显伸出总苞外；雌花1枚。蒴果三棱状阔圆形，具明显的三纵沟；成熟时分裂为3个分果爿。种子卵状，具明显的脊网；种阜扁平状，无柄。花果期4~10月。

生境 山沟、路旁、荒野和山坡。

分布 云台山、黑冲、塘头和施秉县城等地有分布。

用途 全草入药，有清热祛痰、利尿消肿等药效。

193. 木薯 *Manihot esculenta*

形态 直立灌木，高1.5~3米；块根圆柱状。叶纸质，轮廓近圆形，长10~20厘米，掌状深裂达基部，裂片3~7片，全缘；叶柄稍盾状着生，具不明显细棱；托叶三角状披针形，长5~7毫米。圆锥花序顶生或腋生，苞片条状披针形；花萼带紫红色且有白粉霜；雄花花萼长约7毫米，裂片长卵形，

内面被毛；雄蕊长6~7毫米，花药顶部被白色短毛；雌蕊花萼长约10毫米，裂片长圆状披针形；子房卵形，具6条纵棱，柱头外弯。蒴果椭圆状，具6条狭而波状纵翅；种子具三棱，种皮硬壳质，具斑纹，光滑。花期9~11月。

生境 耐旱耐瘠，在无霜期达8个月以上的山地、平原均可种植。

分布 施秉地区有栽培。

用途 根叶入药，有解毒消肿的药效，主疮疡肿毒和疥癣。

194. 裂苞铁苋菜 *Acalypha brachystachya*

形态 一年生草本，高20~80厘米。叶膜质，基部浅心形，偶有楔形，上半部边缘具圆锯齿；基出脉3~5条；叶柄细长，具短柔毛。雌、雄花同序，花序1~3个腋生，雌花苞片3~5枚，掌状深裂，裂片长圆形，苞腋具1朵雌花；雄花密生于花序上部，呈头状或短穗状，苞片卵形；雄花花萼疏生短柔毛；雌花萼片3枚，近长圆形，具缘毛；花柱3；花梗短；异形雌花萼片4枚；子房陀螺状，被柔毛，顶部具一环齿裂，膜质，花柱位于子房基部，撕裂。蒴果具3个分果爿；种子卵状。花期5~12月。

生境 海拔100~1900米的山坡、路旁湿润草地或溪畔、林间小道旁的草地。

分布 云台山有分布。

用途 全草入药，有清热利湿、凉血解毒和消积的药效，主治痢疾、泄泻、吐血、崩漏及皮肤湿疹等。

195. 石岩枫 *Mallotus repandus*

形态 攀缘状灌木；嫩枝、叶柄、花序和花梗均密生黄色星状柔毛；老枝常有皮孔叶互生，纸质或膜质，嫩叶两面均被星状柔毛；基出脉3条，有时稍离基，侧脉4~5对。雌雄异株，雄花序顶生，稀腋生；苞片钻状，苞腋具花2~5朵；雄花花萼裂片3~4，卵状长圆形，外面被茸毛；花药长圆形，药隔狭；雌花序顶生，苞片长三角形；雌花萼裂片5，卵状披针形，外面被茸毛，具颗粒状腺体；花柱2~3枚，柱头被星状毛，密生羽毛状突起。蒴果密生颗粒状腺体；种子卵形，黑色，有光泽。花期3~5月，果期8~9月。

生境　生于海拔250~300米的山地疏林中或林缘。

分布　杉木河附近有分布。

用途　根、茎及叶入药，有祛风活络、舒筋止痛的药效，用于风湿性关节炎、腰腿痛；外用可治跌打损伤。

芸香科　Rutaceae

196. 飞龙掌血　*Toddalia asiatica*

形态　木质藤本，枝干均密被倒钩刺。老茎干有较厚的木栓层及纵向细裂凸起的皮孔，茎枝及叶轴有向下弯钩的锐刺。小叶无柄，对光透视可见密生的透明油点，揉之有类似柑橘的香气；叶缘有细裂齿，侧脉甚多而纤细。花梗基部有极小的鳞片状苞片，花淡黄白色；萼片边缘被短毛；雄花序为伞房状圆锥花序；雌花序呈聚伞圆锥花序。果橙红或朱红色；种皮褐黑色，有极细小的窝点。花期几乎为全年，果期多为秋冬季。

生境　海拔2000米以下的山地，常见于次生林中和石灰岩山地。

分布　在黑冲等地有分布。

用途　成熟的果味甜。全株有小毒，入药有活血散瘀、祛风除湿和消肿止痛的药效，治咯血、跌打损伤、风寒、风湿骨痛和胃痛等。

197. 宜昌橙　*Citrus ichangensis*

形态　小乔木或灌木，高2~4米。枝干多劲直锐刺。叶身卵状披针形，大小差异很大，顶部渐狭尖，全缘或叶缘有细小的钝裂齿；翼叶比叶身略短小或稍较长。花通常单生于叶腋；花蕾阔椭圆形；萼5浅裂；花丝合生成多束，偶有个别离生；花柱早落，油胞大，明显凸起，果心实，果肉甚酸。种子近圆形而稍长，或不规则的四面体，种皮乳黄白色，合点大，几乎占种皮面积的一半，子叶乳白色。花期5~6月，果期10~11月。

生境　海拔2500米以下的高山陡崖、岩石、山脊或河谷坡地，也有人工栽培。

分布　黑冲等地有分布。

用途　以叶入药，有消炎止痛、防腐生肌的药效，用于伤口溃烂、湿疹、疮疖和肿痛等。

198. 吴茱萸　*Tetradium rutaecarpa*

形态　小乔木或灌木，高3~5米。小叶5~11片，薄至厚纸质，边全缘或浅波浪状，小叶两面及叶轴被长柔毛，油点大且多。花序顶生；雄花序的花彼此疏离；萼片及花瓣均为5片，镊合排列；雄花腹面被疏长毛，退化雌蕊4~5深裂。果暗紫红色，有大油点，每分果瓣有1粒种子；种子近圆球形，一端钝尖，腹面略平坦，有光泽。花期4~6月，果期8~11月。

生境　平地至海拔1500米的山地疏林或灌木丛中，多见于向阳坡地。

分布　云台山、塘头及黑冲等地有分布。

用途　嫩果经泡制凉干后即是传统中药吴茱萸，有温中、止痛、理气和燥湿的药效。

199. 砚壳花椒　*Zanthoxylum dissitum*

形态　攀援藤本。老茎的皮灰白色，枝干上的刺多劲直。小叶5~9片，长达20厘米，两侧对称，稀一侧稍偏斜，厚纸质或近革质，无毛，中脉在叶表面凹陷，油点甚小。花序腋生，花序轴有短细毛；萼片及花瓣均4片，油点不显；萼片紫绿色，宽卵形；花瓣淡黄绿色，宽卵形；雄蕊4，花丝长5~6毫米；退化雌蕊顶端4浅裂。果密集于果序上，果梗短；果棕色。

生境　陆地灌丛、疏林和森林。

分布　云台山有分布。

用途　茎、枝和叶入药，有祛风散寒、活血止痛的药效，治风寒湿痹、胃痛、腰痛和跌打损伤等；果实入药，可散寒止痛及调经。

200. 野花椒　*Zanthoxylum simulans*

形态　灌木或小乔木。枝干散生基部宽而扁的锐刺。叶有对生小叶5~15片，卵形、卵状椭圆形或披针形，两侧略不对称，顶部急尖或短尖，油点多，叶面常有刚毛状细刺，中脉凹陷，叶轴有狭窄的叶质边缘。花序顶生；花被片5~8，淡黄绿色；雄花的雄蕊多为5~8枚，花丝淡绿色；雌花的花被片为狭长披针形；心皮2~3个。果红褐色，油点多，微凸起；种子长约4~4.5毫米。花期3~5月，果期7~9月。

生境　平地、低丘陵或略高的山地疏林或密林下，喜阳光，耐干旱。

分布　云台山有分布。

用途　根入药，有祛风湿、止痛等药效，治胃寒腹痛、风湿痹痛；果实入药，可温中止痛、驱虫健胃，用于胃痛、腹痛和蛔虫病，外用治湿浊和皮肤瘙痒等。

201. 簕欓花椒　*Zanthoxylum avicennae*

形态　落叶乔木，高达15米，树干有鸡爪状刺。叶有小叶11~21片，稀较少；小叶通常对生或偶有不整齐对生，两侧甚不对称，鲜叶的油点通常肉眼可见，叶轴腹面有狭窄、绿色的叶质边缘，常呈狭翼状。花序顶生，花多；花序轴及花梗紫红色；萼片及花瓣均5片，萼片宽卵形，花瓣黄白色；雄花的雄蕊5枚，雌花有心皮2~3。果梗长3~6毫米；分果瓣淡紫红色，顶端无芒尖，油点大且多，微凸起。果期10~12月。

生境　低海拔平地、坡地或谷地的次生林中。

分布　黑冲附近有分布。

用途　鲜叶、根皮及果皮均有花椒气味，民间用作草药，有祛风去湿、行气化痰和止痛等功效。

远志科　Polygalaceae

202. 小扁豆　*Polygala tatarinowii*

形态　一年生直立草本，高5~15厘米。茎不分枝或多分枝，具纵棱，无毛。单叶互生，叶片纸质，全缘，具缘毛，具羽状脉。总状花序顶生，花密；花具小苞片2枚，苞片披针形，早落；萼片5，花后脱落；花瓣3，龙骨瓣顶端无鸡冠状附属物，圆形；雄蕊8，花药卵形；子房圆形，弯曲，向顶端呈喇叭状，柱头生于下方的短裂片

内。蒴果扁圆形，顶端具短尖头，具翅，疏被短柔毛；种子近长圆形，黑色，被白色短柔毛，种阜盔形。花期8~9月，果期9~11月。

生境　海拔540~3000米的山坡草地、杂木林下或路旁草丛中。

分布　云台山有分布。

用途　全草入药，治疟疾和身体虚弱等。

203. 长毛籽远志　*Polygala wattersii*

形态　灌木或小乔木，高1~4米。小枝圆柱形，具纵棱槽。叶片近革质，先端渐尖至尾状渐尖，全缘，波状，两面无毛，背面隆起，侧脉8~9对，在叶表面明显，背面略突起；叶柄长6~10毫米，上面具槽。总状花序2~5个成簇生于小枝近顶端的数个叶腋内，被白色腺毛状短细毛；花疏松地排列于花序上，基部具小苞片3枚，早落；萼片5，早落，具缘毛，内萼片花瓣状，斜倒卵形；花瓣3；雄蕊8，花药长卵形，顶孔开裂；子房倒卵形，基部具一侧开放的高脚花盘。蒴果倒卵形或楔形，先端微缺，具短尖头，边缘具由下而上逐渐加宽的狭翅。种子卵形，棕黑色，无种阜。花期4~6月，果期5~7月。

生境　海拔1000~1700米的石山阔林或灌丛中。

分布　云台山有分布。

用途　根入药，有清热解毒、滋补强壮和舒筋活血等药效。

无患子科　Sapindaceae

204. 复羽叶栾树　*Koelreuteria bipinnata*

形态　乔木，高可达20余米。皮孔圆形至椭圆形；枝具小疣点。叶平展，2回羽状复叶，长45~70厘米；叶轴和叶柄向轴面常有一纵行皱曲的短柔毛；小叶9~17片，互生，很少对生，纸质或近革质，斜卵形，长3.5~7厘米，宽2~3.5厘米，顶端短尖至短渐尖，基部阔楔形或圆形，略偏斜，边缘有内弯的小锯齿，两面无毛或上表面中脉上被微柔毛，下表面密被短柔毛，有时杂以皱曲的毛；小叶柄长约3毫米或近无柄。圆锥花序大型，长35~70厘米，分枝广展，与花梗同被短柔毛；萼5裂达中部，裂片阔卵状三角形或长圆形，有短而硬的缘毛及流苏状腺体，边缘呈啮蚀状；花瓣4，长圆状披针形，瓣片长6~9毫米，宽1.5~3毫米，顶端钝或短尖，瓣爪长1.5~3毫米，被长柔毛，鳞片深2裂；雄蕊8枚，长4~7毫米，花丝被白色、开展的长柔毛，下半部毛较多，花药有短疏毛；子房

三棱状长圆形，被柔毛。蒴果椭圆形或近球形，具3棱，淡紫红色，老熟时褐色，长4~7厘米，宽3.5~5厘米，顶端钝或圆；有小凸尖，果瓣椭圆形至近圆形，外面具网状脉纹，内面有光泽；种子近球形，直径5~6毫米。花期7~9月，果期8~10月。

  生境 海拔400~2500米的山地疏林中。

  分布 马溪及黑冲有分布。

  用途 根入药，有消肿、止痛、活血和驱蛔虫的药效，也可治风热、咳嗽；花能清肝明目、清热止咳。

205. 川滇无患子 *Sapindus delavayi*

  形态 落叶乔木，高10余米，树皮黑褐色；小枝被短柔毛。叶连柄长25~35厘米或更长，叶轴有疏柔毛；小叶4~6对，很少7对，对生或有时近互生，纸质，卵形或卵状长圆形，两侧常不对称，长6~14厘米，宽2.5~5厘米，顶端短尖，基部钝，腹面稍光亮，仅中脉和侧脉上有柔毛，背面被疏柔毛或近无毛，很少无毛；侧脉纤细，多达18对；小叶柄通常短于1厘米。花序顶生，直立，常三回分枝，主轴和分枝均较粗壮，被柔毛；花两侧对称，花蕾球形，花梗长约2毫米；萼片5，小的阔卵形，长2~2.5毫米，大的长圆形，长约3.5毫米，外面基部和边缘被柔毛；花瓣4（极少5或6），狭披针形，长约5.5毫米；花盘半月状，肥厚；雄蕊8，稍伸出。果实近球形，黄色。花期夏初，果期秋末。

  生境 海拔1200~2600米处的密林中。

  分布 云台山有分布。

  用途 根和果入药，有小毒，有清热解毒、化痰止咳的药效。

清风藤科 Sabiaceae

206. 凹萼清风藤 *Sabia emarginata*

形态 落叶木质攀援藤本。小枝有纵条纹，无毛。叶纸质，叶表面绿色，背面苍白色，两面均无毛；侧脉每边4~5条，纤细，向上弯拱至近叶缘处网结。聚伞花序有花2朵，稀3朵；萼片5，稍不相等，近倒卵形或长圆形；花瓣5片；雄蕊5枚，花丝细，花药卵圆形；花盘肿胀，有2~3条肋状凸起，其上有极小的腺点；子房卵形，无毛。分果爿近圆形，基部有宿存萼片；核中肋明显，两侧面平坦。花期4月，果期6~7月。

生境 海拔400~1500米的灌木林中。

分布 两岔河附近有分布。

用途 根茎叶入药，有祛风除湿、止痛的药效，常用于治疗风湿关节疼痛、跌打损伤等。

207. 四川清风藤 *Sabia schumanniana*

形态 落叶攀援木质藤本，长2~3米；当年生枝有纵条纹。叶纸质，长圆状卵形，两面均无毛；侧脉每边3~5条，向上弯拱在近叶缘处分叉网结。聚伞花序有花1~3朵；花淡绿色，萼片5，三角状卵形；花瓣5片，有7~9条脉纹；雄蕊5枚，花丝扁平，花药卵形；花盘圆柱状；子房无毛。分果爿倒卵形或近圆形，无毛，核的中肋呈狭翅状，中肋两边各有2行蜂窝状凹穴。花期3~4月，果期6~8月。

生境 海拔1200~2600米的山谷、山坡、溪旁和阔叶林中。

分布 云台山有分布，亦见于贵州北部和西部。

用途 根与茎入药，有祛风活血、止咳祛痰的药效，用于治疗慢性气管炎、关节炎和跌打损伤等。

凤仙花科 Balsaminaceae

208. 凤仙花 *Impatiens balsamina*

形态 一年生草本，高60~100厘米。茎粗壮，肉质，直立，基部直径可达8毫米，具多数纤维状根，下部节常膨大。叶互生；叶片披针形、狭椭圆形或倒披针形，边缘有锐锯齿，基部常有数对无柄的黑色腺体，两面无毛或被疏柔毛，侧脉4~7对；叶柄上面有浅沟，两侧具数对具柄的腺体。花单生或2~3朵簇生于叶腋；花梗密被柔毛；苞片线形；侧生萼片2，唇瓣深舟状，被柔毛，基部急尖成长1~2.5厘米内弯的距；旗瓣圆形，兜状，背面中肋具狭龙骨状突起，翼瓣具短柄，2裂；雄蕊5，花丝线形，花药卵球形；子房纺锤形，密被柔毛。蒴果宽纺锤形，两端尖，密被柔毛。种子多数，圆球形，黑褐色。花期7~10月。

生境 性喜阳光，怕湿，耐热不耐寒，适生于疏松肥沃微酸土壤中，移植易成活常作庭院栽培。

分布 施秉县城、黑冲和云台山景区门口等地有栽培。

用途 茎及种子入药，有祛风湿、活血、止痛、软坚和消积的药效，治风湿性关节痛、噎膈、骨鲠咽喉、腹部肿块和闭经。

209. 湖北凤仙花 *Impatiens pritzelii*

形态 多年生草本，高20~70厘米，全株无毛，具串珠状横走的地下茎。茎肉质，不分枝，长裸露。叶互生，常密集于茎端，基部楔状下延于叶柄，边缘具齿，齿间具小刚毛，中脉及侧脉两面明显。总花梗生于上部叶腋。总状花序，苞片革质、早落。花黄色或黄白色。侧生萼片4，渐尖，顶端弧状弯，具1条侧脉。旗瓣宽椭圆形或倒卵形，膜质，中肋背面中上部稍增厚，具突尖；翼瓣具宽柄2裂，基部裂片倒卵形，上部裂片较长，背部有反折三角形小耳；唇瓣囊状，内弯。子房纺锤形，具长喙尖。蒴果花期10月。

生境 海拔400~1800米的山谷林下、沟边及湿润草丛中。

分布 云台山、谢家院有野生分布。

用途 根、茎入药，有祛风除湿、散瘀消肿、清热解毒的药效，用于风湿疼痛、四肢麻木、跌打损伤和痢疾等。

210. 锐齿凤仙花 *Impatiens arguta*

形态 多年生草本，高达70厘米。茎坚硬，直立，无毛。叶互生，边缘有锐锯齿，无毛；叶柄基部有2个具柄腺体。总花梗腋生，具1~2花；花梗细长，基部具2刚毛状苞片；花大，粉红色或紫红色；萼片4，外面2萼片半卵形，内面2萼片狭披针形；旗瓣圆形，背面中肋有窄龙骨状突起，先端具小突尖；翼瓣无柄，2裂，基部裂片宽长圆形，上部裂片斧形，背面有明显的小耳；唇瓣囊状，基部延长成内弯短距；花药钝。蒴果纺锤形，顶端喙尖。种子少数，圆球形。花期7~9月。

生境 海拔1850~3200米的河谷灌丛草地、林下潮湿处和水沟边。

分布 黑冲附近有分布。

用途 花入药，有通经活血、利尿的药效，治经闭腹痛、产后瘀血、下死胎和毒痈疽等。

冬青科 Aquifoliaceae

211. 纤齿枸骨 *Ilex ciliospinosa*

形态 常绿灌木或小乔木，高1~7米；幼枝具纵条纹，密被短柔毛。叶片革质，椭圆形或卵状椭圆形，先端短渐尖或急尖，边缘具4~6对锯齿，齿尖具细刺，叶面具光泽，主脉在叶面凹入，背面隆起，侧脉在叶面不明显；叶柄多皱，被短柔毛；托叶小，宿存。聚伞花序具2~5花；苞片披针形，具缘毛。花淡黄色，4基数。雄花花萼4深裂，裂片卵状三角形，具缘毛；花冠辐状，花瓣卵形，基部合生；雄蕊与花瓣互生；雌花花冠直立，花瓣分离；子房长圆形，柱头盘状。果实椭圆体形，单生或成对，成熟时红色；宿存花萼轮廓四角形，宿存柱头薄盘状。分核1~3，倒卵形，具掌状条纹和沟槽，内果皮木质。花期4~5月，果期9~10月。

生境 海拔1500~2600米的山坡杂木林或云杉、冷杉林下。

分布 两岔河附近有分布。

用途 可用于观赏，也可药用。

212. 狭叶冬青 *Ilex fargesii*

形态 常绿乔木，高4~8米，全株无毛；小枝圆柱形，具横皱纹和纵棱脊；顶芽狭圆锥形，急尖。叶片近革质，先端渐尖，边缘中部以上具疏细锯齿，中下部全缘，主脉在叶面狭凹陷，背面隆起，侧脉在叶面明显且在背面突起；叶柄上面具槽，顶部具叶片下延的狭翅。花序簇生于二年生枝叶腋，花芳香。雄花每束的单个分枝为具3花的聚伞花序，苞片膜质；花萼盘状，4浅裂；花瓣4，倒卵状长圆形，具缘毛；花药长圆形。雌花单个分枝具1花；花萼与雄花相同；花瓣长圆形；子房卵球形，柱头盘状。果序簇生，单个分枝具1果；果球形，成熟时红色，具纵条纹，宿存柱头薄盘状，宿存花萼平展；分核4，长圆形，具掌状条纹和沟。花期5月，果期9~10月。

生境 海拔1600~3000米的山地林中或山坡灌丛中。

分布 白沙井附近有分布。

用途 叶、花及果具有观赏价值，是北方地区优良的常绿阔叶绿化树种，也可药用。

卫矛科　Celastraceae

213. 南蛇藤 *Celastrus orbiculatus*

形态 小枝光滑无毛，具稀而不明显的皮孔。叶先端圆阔，具有小尖头或短渐尖，边缘具锯齿，侧脉3~5对；叶柄细，长1~2厘米。聚伞花序腋生，间有顶生，花序长1~3厘米；雄花萼片钝三角形；花瓣倒卵椭圆形或长方形；花盘浅杯状，裂片浅，顶端圆钝；雌花花冠较雄花窄小，花盘稍深厚，肉质；子房近球状，柱头3深裂，裂端再2浅裂。蒴果近球状；种子椭圆状稍扁，赤褐色。花期5~6月，果期7~10月。

生境 海拔450~2200米的山坡灌丛。

分布 云台山有分布。

用途 根、藤茎入药，有祛风活血、消肿止痛的药效，用于治疗风湿关节炎、跌打损伤、腰腿痛及闭经。果入药，可安神镇静，用于治疗神经衰弱、心悸和失眠等。叶入药，可解毒、散瘀，用于治疗跌打损伤、毒蛇咬伤等。

省沽油科　Staphyleaceae

214. 野鸦椿　*Euscaphis japonica*

形态　落叶小乔木或灌木，树皮灰褐色，具纵条纹，枝叶揉碎后发出恶臭气味。叶对生，奇数羽状复叶，小叶厚纸质，边缘具疏短锯齿，齿尖有腺体，背面沿脉有白色小柔毛，主脉在叶上表面明显，在背面突出，侧脉两面均可见。圆锥花序顶生，花多，较密集，萼片与花瓣均5，椭圆形，萼片宿存，花盘盘状。蓇葖果，果皮软革质，紫红色，有纵脉纹，种子近圆形。花期5~6月，果期8~9月。

生境　常生长于山脚和山谷，常与一些小灌木混生，很少有成片的纯林。幼苗耐阴、耐湿润，大树则喜光，耐瘠薄干燥，耐寒性较强，在土层深厚、疏松、湿润、排水良好而且富含有机质的微酸性土壤中可生长良好。

分布　云台山有分布。

用途　根入药，有解表、清热和利湿等药效，用于治疗感冒、痢疾及肠炎等。果入药，能祛风散寒、行气止痛，用于治疗月经不调、疝痛和胃痛等。

鼠李科　Rhamnaceae

215. 薄叶鼠李　*Rhamnus leptophylla*

形态　灌木或稀小乔木，高达5米；小枝对生或近对生，平滑有光泽。叶纸质，对生或在短枝簇生，边缘具圆齿或钝锯齿，侧脉每边3~5条，具不明显的网脉，在叶上表面下陷，背面凸起；叶柄上面有小沟；托叶线形，早落。花单性，雌雄异株，4基数，无毛；雄花簇生于短枝端；雌花簇生于短枝端或长枝下部叶腋，花柱2半裂。核果球形，基部有宿存的萼筒，成熟时黑色；种子宽倒卵圆形。花期3~5月，果期5~10月。

生境　海拔1700~2600米的山坡、山谷、路旁灌丛中或林缘。

分布　云台山有分布。

用途　叶、根及果实入药，能消食通便、清热解毒和活血祛瘀，用于治疗食积腹胀、食欲不振、胃痛、痛经、嗳气和跌打损伤等。

省沽油科　鼠李科

216. 长叶冻绿　*Rhamnus crenata*

形态　落叶灌木或小乔木，高达7米；小枝被疏柔毛。叶纸质，边缘具齿，无毛；叶柄被密柔毛。花密集成腋生聚伞花序，总花梗被柔毛，花梗被短柔毛；萼片外面有疏微毛；花瓣近圆形，顶端2裂；子房球形，3室，每室具1胚珠，花柱不分裂，柱头不明显。核果球形或倒卵状球形，成熟时黑色或紫黑色，无或有疏短毛，具3分核，各有种子1粒，种子无沟。果期8~10月。

生境　海拔2000米以下的山地林下和灌丛中。

分布　云台山有分布。

用途　根有毒，入药有清热利湿、杀虫及解毒的药效，用于治疗疥疮、癣、癫、麻风和蛔虫病等。

217. 多花勾儿茶　*Berchemia floribunda*

形态　藤状或直立灌木；幼枝光滑无毛。叶纸质，上部叶较小，下部叶较大，每边有侧脉9~12条，两面稍凸起；叶柄无毛；托叶狭披针形，宿存。花多数，通常数个簇生排成顶生宽聚伞圆锥花序，或下部兼腋生聚伞总状花序，花序可长达15厘米；花芽卵球形，顶端急狭成锐尖或渐尖；萼三角形，顶端尖；花瓣倒卵形，雄蕊与花瓣等长。核果圆柱状椭圆形，基部有盘状的宿存花盘；果梗无毛。花期7~10月，果期翌年4~7月。

生境　海拔2600米以下的山坡、沟谷、林缘、林下或灌丛中。

分布　云台山有分布。

用途　根入药，有健脾利湿、通经活络的药效，用于治疗脾胃衰弱、食少、胃痛、黄疸和关节风湿痛等。

218. 多叶勾儿茶　*Berchemia polyphylla*

形态　藤状灌木，高3~4米；小枝被短柔毛。叶纸质，卵状椭圆形、卵状矩圆形或椭圆形，常有小尖头，两面无毛，侧脉每边7~9条，叶脉在上表面明显凸起，下表面稍凸起；叶柄被短柔毛；托叶披针状钻形，基部合生，宿存。花无毛，通常2~10个簇生排成聚伞总状，稀聚伞圆锥花序，花序顶生；花芽锥状，顶端锐尖；萼片顶端尖；

093

花瓣近圆形。核果圆柱形，顶端尖，基部有宿存的花盘和萼筒。花期5~9月，果期7~11月。

生境 海拔300~1900米的山地灌丛或林中。

分布 黑冲附近有分布。

用途 全株入药，有清热利湿、解毒散结的药效，用于治疗肺热咳嗽、肺痈、热淋、带下和淋巴结炎等。

219. 牯岭勾儿茶 *Berchemia kulingensis*

形态 藤状或攀援灌木，高达3米。小枝平展，无毛。叶纸质，具小尖头，基部圆形或近心形，两面无毛，叶脉在两面稍凸起；叶柄无毛，托叶披针形，基部合生。花无毛，通常2~3个簇生排成疏散聚伞总状花序，稀窄聚伞圆锥花序，花序无毛；萼片三角形，顶端渐尖，边缘被疏缘毛；花瓣倒卵形。核果长圆柱形，红色，成熟时黑紫色，基部宿存的花盘盘状；果梗无毛。花期6~7月。

生境 海拔300~2150米的山谷灌丛、林缘或林中。

分布 云台山有分布。

用途 根或茎藤入药，有祛风除湿、活血止痛和健脾消疳等药效，用于治疗风湿痹痛、产后腹痛、痛经、外伤肿痛、小儿疳积和毒蛇咬伤等。

220. 皱叶雀梅藤 *Sageretia rugosa*

形态 藤状或直立灌木，高达4米；幼枝和小枝被毛。叶纸质或厚纸质，互生或近对生，顶端锐尖或短渐尖，稀圆形，边缘具细锯齿，幼叶上表面常被白色茸毛，后渐脱落，下表面被锈色或灰白色不脱落的茸毛，稀渐脱落，每边有侧脉6~8条，有明显的网脉，侧脉和网脉在叶上表面明显下陷，下面凸起；叶柄上面具沟，被密短柔毛。花无梗，有芳香，具2个披针形小苞片；花萼外面被柔毛，萼片三角形；花瓣匙形，顶端2浅裂，内卷；雄蕊与花瓣等长或稍长；子房藏于花盘内，2室，每室有1胚珠，花柱短，不分裂。核果圆球形，具2分核；种子2粒，扁平，两端凹入，稍不对称。花期7~12月，果期翌年3~4月。

生境 海拔1600米以下的山地灌丛林中，或在山坡、平地散生。

分布 黑冲有分布。

用途 民间作草药，具健脾功效。

葡萄科

葡萄科　Vitaceae

221. 扁担藤　*Tetrastigma planicaule*

形态　木质大藤本，茎扁，深褐色。小枝有纵棱纹，无毛；卷须不分枝，相隔2节间断与叶对生。叶为掌状5小叶，小边缘每侧有5~9个锯齿，两面无毛；侧脉5~6对，网脉突出；叶柄无毛，中央小叶柄比侧生小叶柄长2~4倍，无毛。花序腋生，下部有节，节上有褐色苞片，集生成伞形；花梗无毛或疏被短柔毛；花蕾卵圆形；萼浅碟形，齿不明显；花瓣4，卵状三角形，顶端呈风帽状；雄蕊4，花丝丝状，花药黄色，卵圆形；花盘明显，4浅裂，在雌花内不明显且呈环状；子房阔圆锥形，花柱不明显。果实近球形，多肉质；种子长椭圆形，顶端圆形，基部急尖，种脐在背面中部呈带形，腹部中棱脊扁平。花期4~6月，果期8~12月。

生境　海拔100~2100米的山谷林中或山坡岩石缝中。

分布　两岔河附近有分布。

用途　藤茎入药，有祛风湿的药效。

222. 刺葡萄　*Vitis davidii*

形态　木质藤本。小枝圆柱形，卷须2叉分枝。叶卵圆形或卵椭圆形，基部心形，基缺凹成钝角，齿端尖锐，不分裂或微3浅裂，基生脉5条，中脉有侧脉4~5对，网脉明显；托叶近草质，绿褐色，卵披针形，早落。花杂性异株；圆锥花序基部分枝发达，与叶对生；花梗无毛；花蕾倒卵圆形；萼碟形；花瓣5；雄蕊5，花药黄色，椭圆形，在雌花内雄蕊短，败育；花盘5裂；子房圆锥形。果实球形，成熟时紫红色。种子倒卵椭圆形，顶端圆钝，基部有短喙，种脐在种子背面中部呈圆形，腹面中棱脊突起。花期4~6月，果期7~10月。

生境　海拔600~1800米的山坡、沟谷林中或灌丛中。

分布　云台山有分布。

用途　根入药，具有祛风湿、利小便的药效，用于治疗慢性关节炎和跌打损伤。

095

223. 花叶地锦　*Parthenocissus henryana*

形态　木质藤本。小枝显著四棱形，无毛。卷须总状4~7分枝，相隔2节间断与叶对生。叶为掌状5小叶，边缘上半部通常有2~5个锯齿，侧脉3~6对，叶上面的网脉不明显；叶柄无毛。圆锥状多歧聚伞花序的主轴明显，假顶生；花序梗无毛；花梗无毛；花蕾椭圆形或近球形，顶端圆形；萼碟形，边缘全缘，无毛；花瓣5，长椭圆形，无毛；雄蕊5，花药长椭圆形；花盘不明显；子房卵状椭圆形。果实近球形；种子倒卵形，顶端圆形，基部有短喙，种脐在种子背面中部呈椭圆形，腹部中棱脊突出。花期5~7月，果期8~10月。

生境　海拔160~1500米的沟谷岩石上或山坡林中。

分布　云台山有分布。

用途　叶入药，能活血、祛风，主治产后血瘀及偏头痛等。

224. 蓝果蛇葡萄　*Ampelopsis bodinieri*

形态　木质藤本。小枝圆柱形，有纵棱纹，无毛。卷须2叉分枝，相隔2节间断与叶对生。叶片卵圆形或卵椭圆形，不分裂或上部微3浅裂，两面均无毛；基出脉5条，中脉有侧脉4~6对，网脉在叶两面均不明显突出；叶柄无毛。花序为复二歧聚伞花序，疏散，无毛；花梗无毛；花蕾椭圆形，萼浅碟形，萼齿不明显，边缘呈波状；花瓣5，长椭圆形；花丝丝状，花药椭圆形；花盘5浅裂；子房圆锥形，花柱明显。果实近球圆形，种子倒卵椭圆形，基部有短喙，背腹微侧扁，种脐腹部中棱脊突出。花期4~6月，果期7~8月。

生境　海拔200~3000米的山谷林中或山坡灌丛阴湿处。

分布　太平山、黑冲、白沙井和云台山等地有分布，模式标本采自贵州贵阳。

用途　根入药，可消肿解毒、止痛止血、排脓生肌及祛风除湿，用于治疗跌打损伤、骨折、便血、慢性胃炎和风湿腿痛等。

225. 无毛崖爬藤 *Tetrastigma obtectum var. Glabrum*

形态 草质藤本。小枝圆柱形。卷须伞状集生。叶为掌状5小叶；侧脉4~5对，网脉不明显；托叶膜质，常宿存。多数花集生成单伞形；花蕾椭圆形或卵椭圆形；萼浅碟形；花瓣4，长椭圆形，外面无毛；雄蕊4，花丝丝状，花药卵圆形；花盘明显，4浅裂；子房锥形，柱头扩大呈碟形。果实球形，有种子1粒；种子椭圆形，基部有短喙。果期9~11月。

生境 海拔100~2400米的林间、岩石和山谷。

分布 云台山有分布。

用途 根入药，具有舒筋活络、止血生肌的药效，治跌打损伤和风湿痹症等。

锦葵科 Malvaceae

226. 蜀葵 *Althaea rosea*

形态 二年生直立草本，高达2米，茎密被刺毛。叶近圆心形，掌状5~7浅裂或波状棱角，裂片三角形或圆形；叶柄被星状长硬毛；托叶卵形，先端具3尖。花腋生，排成总状花序，具叶状苞片；小苞片杯状，常6~7裂，裂片卵状披针形；萼钟状，5齿裂，裂片卵状三角形，密被星状粗硬毛；花大，有红、紫、白和粉红等色，花瓣倒卵状三角形；雄蕊柱无毛，花丝纤细，花药黄色；花柱分枝多数，微被细毛。果盘状，被短柔毛，分果爿近圆形，具纵槽。花期2~8月。

生境 喜阳光充足，耐半阴，耐盐碱能力强，但忌涝。

分布 施秉县城、黑冲等地有栽培。

用途 全草入药，能清热止血、消肿解毒，可用于治吐血及血崩等。

227. 木槿 *Hibiscus syriacus*

形态 落叶灌木，高3~4米，小枝密被黄色星状茸毛。叶具深浅不同的3裂或不裂，先端钝，边缘具不整齐齿缺；叶柄上面被星状柔毛；托叶线形，疏被柔毛。花单生于枝端叶腋间，被星状短茸毛；小苞片6~8，线形，密被星状疏茸毛；花萼钟形，密被星状短茸毛，裂片5，三角形；花钟形，淡紫色；花瓣倒卵形；花柱枝无毛。蒴果卵

圆形，密被黄色星状茸毛；种子肾形，背部被黄白色长柔毛。花期7~10月。

生境 喜光而稍耐阴，喜温暖且湿润的气候。

分布 施秉县城、黑冲等地有栽培。

用途 果实入药能清肺化痰；花入药，具有清热凉血、解毒消肿的药效，用于治疗痢疾、痔疮，外用可治疮疖痈肿及烫伤；茎皮或根皮入药，具有清热利湿、杀虫止痒的药效，用于可治疗痢疾，外用可治疗脚癣等。

228. 锦葵 *Malva sinensis*

形态 二年生或多年生直立草本，高50~90厘米，分枝多。叶圆心形或肾形，具5~7圆齿状钝裂片，边缘具圆锯齿；叶柄长4~8厘米；托叶偏斜，卵形，具锯齿。花3~11朵簇生；小苞片3，长圆形，先端圆形，疏被柔毛；萼裂5，宽三角形，两面均被星状疏柔毛；花紫红色或白色，花瓣5，匙形，先端微缺，爪下髯毛；雄蕊柱长8~10毫米，被刺毛；花柱分枝9~11，被微细毛。果扁圆形，分果爿9~11，肾形，被柔毛；种子黑褐色，肾形。花期5~10月。

生境 耐寒，耐干旱，不择土壤，但以砂质土壤为宜，生长势强，喜阳光充足。

分布 施秉县城等地有栽培。

用途 花、叶和茎入药，能清热利湿、理气通便，主治大小便不畅、淋巴结结核和带下等。

茄科 Solanaceae

229. 枸杞 *Lycium chinense*

形态 多分枝灌木，高0.5~1米；枝条细弱，弓状弯曲或俯垂，有纵条纹，棘刺长0.5~2厘米。叶纸质，顶端急尖，基部楔形；叶柄长0.4~1厘米。花在长枝上单生或双生于叶腋，在短枝上则同叶簇生；花梗向顶端渐增粗。花萼长3~4毫米，通常3中裂或4~5齿裂，裂片多少有缘毛；花冠漏斗状，淡紫色，筒部向上骤然扩大，5深裂，裂片卵形，顶端圆钝，边缘有缘毛，基部耳显著；雄蕊较花冠稍短，花丝在近基部处密生一圈茸毛，花柱稍伸出雄蕊，上端弓弯。浆果红色，卵状。种子扁肾脏形，黄色。花果期6~11月。

生境 常生于山坡、荒地、丘陵地、路旁及村边宅旁。

分布 塘头附近有分布。

用途 果实称枸杞子，有解热止咳的药效；嫩叶可作蔬菜；种子油可用于制润滑油或食用油。

茄科

230. 假酸浆 *Nicandra physalodes*

形态 茎直立，有棱条，无毛上部交互不等的二歧分枝。叶卵形或椭圆形，草质，顶端急尖或短渐尖，基部楔形，两面有稀疏毛。花单生于枝腋并与叶对生；花萼5深裂，裂片顶端尖锐，基部心脏状箭形；花冠钟状，浅蓝色，檐部有折襞，5浅裂。浆果球状，黄色。种子淡褐色，直径约1毫米。花果期为夏秋季。

生境 生于田边、荒地和住宅区。

分布 黑冲附近有分布。

用途 全草药用，有镇静、祛痰和清热解毒的药效。

231. 小酸浆 *Physalis minima*

形态 一年生草本。根细瘦，主轴顶端多二歧分枝。叶柄细弱，顶端渐尖，基部歪斜楔形，两面脉上有柔毛。花具细弱的花梗，花梗生短柔毛；花萼钟状，外面生短柔毛，裂片三角形，缘毛密；花冠黄色，长约5毫米；花药黄白色，长约1毫米。果梗细瘦，俯垂；果萼近球状或卵球状；果实球状，直径约6毫米。

生境 海拔1000~1300米的山坡。

分布 黑冲等地有分布。

用途 全草入药，有清热、化痰、消炎和解毒的药效。

232. 挂金灯 *Physalis alkekengi var. franchetii*

形态 多年生草本，基部常匍匐生根。茎高约40~80厘米，茎较粗壮，茎节膨大。叶顶端渐尖，基部不对称狭楔形，叶仅叶缘有短毛；花萼裂片密生毛。果梗长2~3厘米，被宿存柔毛；果萼卵状，薄革质，网脉显著，有10纵肋，被宿存的柔毛，基部凹陷。浆果球状，橙红色，柔软多汁。种子肾脏形，淡黄色。

生境 田野、沟边、山坡草地、林下和路旁水边。

分布 在施秉地区有栽培。

用途 带宿萼的果实入药，有清肺利咽、化痰利水的药效，用于治疗肺热痰咳、咽喉肿痛、小便淋涩及天疱湿疮等。

099

233. 茄 *Solanum melongena*

形态 直立分枝草本至亚灌木，高可达1米，小枝，叶柄及花梗均被星状茸毛。叶大，先端钝，基部不相等，边缘浅波状或深波状圆裂，每边具侧脉4~5条，叶上表面疏被星状茸毛，下表面则较密。能孕花单生，被较密毛，不孕花蝎尾状且与能孕花并出；萼近钟形，外面密被星状茸毛及小皮刺，萼裂片披针形，先端锐尖，内面疏被星状茸毛；花冠辐状，裂片三角形；子房圆形，顶端密被星状毛，柱头浅裂。果的形状及大小变异极大。

生境 喜高温、长日照，适于在富含有机质、保水保肥能力强的土壤中栽培。

分布 在施秉地区有栽培。

用途 果可食用，生食可解食菌中毒。根、茎及叶为收敛剂，有利尿的药效，叶也可用于麻醉。种子为消肿药。

234. 白英 *Solanum lyratum*

形态 草质藤本。茎及小枝均密被具节长柔毛。叶互生，多数为琴形，基部常3~5深裂，裂片全缘，中脉明显，侧脉在叶下表面较清晰；叶柄被有与茎枝相同的毛被。聚伞花序顶生或腋外生，疏花，被具节的长柔毛，基部具关节；萼环状，无毛，萼齿5枚，顶端具短尖头；花冠筒隐于萼内，冠檐5深裂，裂片椭圆状披针形，先端被微柔毛；花药长圆形，顶孔略向上；子房卵形，花柱丝状。浆果球状，成熟时红黑色。种子近盘状，扁平。花期为夏秋，果熟期为秋末。

生境 海拔600~2800米的山谷草地、路旁和田边。

分布 云台山有分布。

用途 全草入药，可治小儿惊风，果实能治风火牙痛。

235. 龙葵 *Solanum nigrum*

形态 一年生直立草本，高0.25~1米，茎无棱或棱不明显。叶卵形，每边有叶脉5~6条。蝎尾状花序腋外生，近无毛或具短柔毛；萼小，浅杯状，先端圆；花冠白色，冠檐5深裂，裂片卵圆形；花丝短，花药黄色，约为花丝长度的4倍，顶孔向内；子房卵形，花柱中部以下被白色茸毛，

柱头小,头状。浆果球形,熟时黑色。种子多数,近卵形,两侧扁平。

生境 田边、荒地及村庄附近。

分布 杉木河附近有分布。

用途 全株入药,能散瘀消肿、清热解毒。

236. 少花龙葵 *Solanum photeinocarpum*

形态 纤弱草本,茎无毛或近无毛,高1米。叶薄,先端渐尖,基部楔形下延至叶柄而成翅,叶缘近全缘,两面均具疏柔毛;叶柄纤细,具疏柔毛。花序近伞形,腋外生,纤细,具微柔毛;萼绿色,5裂达中部,裂片卵形,先端钝,具缘毛;花冠白色,冠檐5裂,裂片卵状披针形;花丝极短,长圆形;子房近圆形,花柱纤细,中部以下具白色茸毛,头状。浆果球状,幼时绿色,成熟后黑色;种子近卵形,两侧扁。几乎全年均开花结果。

生境 溪边、密林阴湿处或林边荒地。

分布 黑冲有分布。

用途 叶可食用,有清凉散热的药效,可治喉痛。

瑞香科 Thymelaeaceae

237. 尖瓣瑞香 *Daphne acutiloba*

形态 常绿灌木,高0.5~2米。树皮黄褐色;密分枝。叶互生,革质,长4~10厘米,宽1.2~3.6厘米,先端渐尖或钝形,基部常下延成楔形,叶表面深绿色,有光泽,背面淡绿色,两面均无毛。花白色,芳香,5~7朵组成顶生头状花序。果实肉质,椭圆形,成熟后红色,具1粒种子。种子长5毫米,种皮暗红色,微具光泽。

生境 海拔1400~3000米的丛林中。

分布 云台山有分布。

用途 全株入药,具有祛风除湿、活络行气和止痛等药效,用于治疗风湿痹痛、跌打损伤和胃痛等。

238. 岩杉树　*Wikstroemia angustifolia*

形态　灌木，高0.3~1米。除花序外，植株各部均无毛，直立。小枝纤细，有棱角，节间短。叶革质，对生或近对生，长0.8~2.5厘米，宽2~3毫米，先端钝圆，常具细尖头，基部略钝，边缘常反卷，无毛，脉不明显；叶柄短，与叶片基部截然分开。花萼白黄色，冠筒圆柱形；花梗极短。浆果红色。

生境　生于海拔150~200米的河谷岩石上。

分布　杉木河畔。

用途　民间草药。

239. 窄叶荛花　*Wikstroemia stenophylla*

形态　常绿灌木，高0.2~1.3米。除花序外，其余部均无毛。小枝四棱形，绿色，树皮褐色。叶革质，多在上部密集，线形，对生、交互对生或三叶轮生，长0.5~2.5厘米，宽1.5~2.5毫米，侧脉不明显；叶柄极短。花黄色，花序梗短，被灰色绢状毛。果锥形，长约5毫米，基部为膜质宿存花萼所包被。

生境　常见于山坡、路旁。

分布　黑冲有分布。

用途　民间草药。

240. 头序荛花　*Wikstroemia capitata*

形态　小灌木，高0.5~1米。枝纤细，圆柱形，多为绿色，无毛。叶膜质，对生或近对生，椭圆形或倒卵状椭圆形，先端钝，基部渐狭，两面均无毛；叶表面黄绿色，背面稍苍白色。花黄色，无梗，外面被绢状糙伏毛。果卵圆形，黄色，略被糙伏毛，外为宿存花萼所包被；种子卵珠形，暗黑色，长约4毫米。

生境　海拔300~1000米的林间及山坡灌丛。

分布　云台山有分布。

用途　民间草药。

胡颓子科　Elaeagnaceae

241. 巴东胡颓子　*Elaeagnus difficilis*

形态　常绿直立或蔓状灌木，高2~3米，无刺或有时具短刺。叶纸质，椭圆形或椭圆状披针形，顶端渐尖，基部圆形或楔形，边缘全缘，稀微波状。花深褐色，密被鳞片，数朵花生于叶腋短小枝上成伞形总状花序。果实长椭圆形，被锈色鳞片，成熟时桔红色；果梗长2~3毫米。

生境　海拔600~1800米的向阳山坡灌丛中或林中。

分布　云台山有分布。

用途　根入药，具有祛寒湿、收敛止泻的药效，用于治疗小便失禁、外感风寒等。

242. 披针叶胡颓子　*Elaeagnus lanceolata*

形态　常绿直立或蔓状灌木，高4米。叶革质，披针形或长椭圆形，顶端渐尖，基部圆形，稀阔楔形，边缘全缘，反卷；叶背面银白色，密被银白色鳞片和鳞毛。花淡黄白色，下垂，密被银白色和散生褐色鳞片和鳞毛；花梗纤细，锈色。果实椭圆形，密被褐色或银白色鳞片，成熟时红黄色。

生境　海拔600~2500米的山地林中或林缘。

分布　杉木河有分布。

用途　根与叶入药，可活血通络、疏风止咳及温肾缩尿，用于治疗跌打骨折、风寒咳嗽和小便失禁等。

大风子科 Flacourtiaceae

243. 南岭柞木 *Xylosma controversum*

形态 常绿小乔木或灌木，高4~10米。树皮灰褐色；小枝圆柱形，被褐色长柔毛。叶薄，革质，椭圆形至长圆形，先端尖，基部楔形，边缘有锯齿，叶表面无毛或疏被短柔毛，深绿色，背面密或疏被柔毛，淡绿色。花被棕色柔毛。浆果圆形。

生境 海拔800米以下的林边、丘陵、平原和村边附近灌丛中。

分布 杉木河有分布。

用途 根与叶入药，能散瘀消肿、凉血止血，用于治疗跌打损伤、骨折、脱臼、外伤出血及吐血等；蜜源植物。

堇菜科 Violaceae

244. 光叶堇菜 *Viola hossei*

形态 多年生草本，无地上茎。匍匐枝纤细，无毛，有不定根。叶基生或互生于匍匐枝上；叶片三角状卵形，先端急尖，基部深心形，边缘密生浅锯齿，两面无毛或疏生白色短毛并有褐色腺点，叶表面深绿色或暗绿色，背面淡绿色。花淡紫色或紫色。蒴果较小，近球形，长5~7毫米，有褐色锈点。种子小，球形。

生境 海拔2000米以下的荫蔽林下、林缘、溪畔及沟边岩石缝隙中。

分布 白塘村、黑冲有分布。

用途 民间草药。

245. 鸡腿堇菜 *Viola acuminata*

形态 多年生草本，通常无基生叶。茎直立，通常2~4条丛生，无毛或上部被白色柔毛。叶片心形、卵状心形或卵形，先端尖，基部通常心形，边缘具钝锯齿及短缘毛，两面密生褐色腺点，沿叶脉被疏柔毛。花淡紫色或近白色，花瓣有褐色腺点。蒴果椭圆形，先端渐尖，无毛，

通常有黄褐色腺点。

生境　杂木林、林缘、灌丛、山坡草地及溪谷湿地等处。

分布　白塘村有分布。

用途　全草入药,有清热解毒、排脓消肿的药效。嫩叶可食用。

246. 蔓茎堇菜　*Viola diffusa*

形态　一年生草本,全体被白色柔毛或糙毛。基生叶多数,丛生呈莲座状,或于匍匐枝上互生;叶片卵形或卵状长圆形,先端钝或稍尖,基部宽楔形或截形,边缘具钝齿及缘毛。花较小,淡紫色或浅黄色,具长梗,生于基生叶或匍匐枝叶丛的叶腋间;花梗纤细,无毛或被疏柔毛,中部有1对线形苞片。蒴果长圆形,无毛,顶端常具宿存的花柱。

生境　山地林下、林缘、草坡、溪谷旁及岩石缝隙中。

分布　云台山、两岔河有分布。

用途　全草入药,有清热解毒的药效;外用可消肿、排脓。

247. 深圆齿堇菜　*Viola davidii*

形态　多年生细弱无毛草本,无地上茎或几乎无地上茎,高4~9厘米,有时具匍匐枝。根状茎细,几乎垂直,节密生。叶基生,圆形或肾形,长与宽均为1~3厘米,先端圆钝,基部浅心形或截形,边缘具较深圆齿,两面无毛,上表面深绿色,下表面灰绿色;叶柄长短不等,长2~5厘米,无毛;托叶褐色,离生或仅基部与叶柄合生,披针形,长约0.5毫米,先端渐尖,边缘疏生细齿。花白色或淡紫色;花梗细,长4~9厘米,上部有2枚线形小苞片。蒴果椭圆形,无毛,常具褐色腺点。

生境　林下、林缘、山坡草地、溪谷及石上。

分布　云台山有分布。

用途　全草入药,能清热解毒、散瘀消肿,用于毒蛇咬伤、无名肿毒、跌打损伤和刀伤等。

248. 长萼堇菜 *Viola inconspicua*

形态　多年生草本，无地上茎。叶片三角形、三角状卵形或戟形，先端渐尖或尖，基部宽心形，呈宽半圆形，两侧垂片发达，通常平展，边缘具圆锯齿，两面通常无毛，上面密生乳头状小白点，在较老的叶上则变成暗绿色点；叶柄无毛，长2~7厘米。花淡紫色，有暗色条纹；花梗细弱，无毛或上部被柔毛，中部稍上有2枚线形小苞片。蒴果长圆形，无毛。种子卵球形，深绿色。

生境　林缘、山坡草地、田边及溪旁等处。

分布　黑冲有分布。

用途　全草入药，能清热解毒、凉血消肿、利湿化瘀，用于治疗疔疮痈肿、咽喉肿痛、湿热、黄疸、跌打损伤和蛇虫咬伤等。

秋海棠科　Begoniaceae

249. 昌感秋海棠 *Begonia cavaleriei*

形态　多年生草本。根状茎伸长，匍匐，长圆柱状，表面不平整，呈结节状或似念珠状，节明显，被膜质褐色的鳞片，具粗壮细长的纤维状根。叶盾形，全部基生，具长柄；叶片厚纸质，近圆形，先端渐尖至长渐尖，基部略偏呈圆形；边缘常呈浅波状，上表面褐绿色，被极短的毛，老时脱落，下表面淡褐绿色，近无毛。花淡粉红色，呈聚伞状。蒴果下垂，无毛，长圆形，长约2.9毫米，具不等3翅，翅呈新月形，大的长约7毫米，小的长仅2~3毫米；果梗长约3.5厘米，无毛。种子淡褐色，光滑。

生境　海拔700~1000米的山沟潮湿处岩石上、山脚阴密林下和山谷潮湿处密林下。

分布　黑冲有分布，贵州安龙、亨册、荔波和独山也有分布。

用途　全株入药，能祛瘀止血、消肿止痛，用于治疗跌打损伤、风湿腰腿痛、痈疖疮肿和咽喉肿痛等。

250. 中华秋海棠　*Begonia grandis subsp. sinensis*

形态　多年生草本。根状茎近球形,具密集而交织的细长纤维状根。茎直立,有分枝和纵棱,近无毛。茎生叶互生,具长柄;叶片两侧不相等,宽卵形至卵形,先端渐尖至长渐尖,基部心形,偏斜,边缘具不等大的三角形浅齿,齿尖带短芒;上表面褐绿色,常有红晕,下表面色淡,带红晕或紫红色,沿脉散生硬毛或近无毛,掌状脉7~9条,带紫红色。花粉红色。蒴果下垂,果梗长约3.5厘米,细弱,无毛,长圆形,具不等3翅。种子极多且小,长圆形,淡褐色,光滑。

生境　海拔100~1100米的山谷潮湿石壁上、山谷溪旁密林石上、山沟边岩石上和山谷灌丛中。

分布　云台山有分布。

用途　块茎入药,能活血、止血,用于治疗跌打损伤、红崩白带及痢疾。果实入药,能解毒,治疗蛇咬伤。

251. 掌裂叶秋海棠　*Begonia pedatifida*

形态　草本。根状茎粗,长圆柱状,节密,有残存褐色的鳞片和纤维状根。叶自根状茎抽出,具长柄;叶片扁圆形至宽卵形,基部截形至心形;先端急尖至渐尖,两侧裂片浅裂,披针形至三角形,4~6深裂,裂片披针形,全边缘有浅而疏三角形齿;上表面深绿色,散生短硬毛,下表面淡绿色,沿脉有短硬毛,掌状脉6~7条;叶柄密被或疏被褐色卷曲长毛。花白色或带粉红,4~8朵,被毛或近无毛。蒴果下垂,果梗长2~2.5厘米,倒卵球形,无毛,具不等3翅。种子极多且小,长圆形,淡褐色,光滑。

生境　海拔350~1700米的林下潮湿处、常绿林山坡沟谷、阴湿林下石壁上、山坡阴处密林下或林缘。

分布　云台山有分布。

用途　根茎入药,有活血、消肿、止血及止痛的药效,主治吐血、咯血和血虚,外用治跌打损伤。

千屈菜科　Lythraceae

252. 千屈菜　*Lythrum salicaria*

形态　多年生草本。根茎横卧于地下，粗壮；茎直立，多分枝，高30~100厘米，全株青绿色，略被粗毛或密被茸毛，枝通常具4棱。叶对生或三叶轮生，披针形或阔披针形，长4~10厘米，宽8~15毫米，顶端钝形或短尖，基部圆形或心形，有时略抱茎，全缘，无柄。花排成小聚伞花序，簇生，花枝全形似一大型穗状花序；花瓣红紫色或淡紫色，倒披针状长椭圆形，基部楔形，长7~8毫米。蒴果扁圆形。

生境　河岸、湖畔、溪沟边和潮湿草地。

分布　谢家院有分布。

用途　全草入药，主治肠炎、痢疾和便血，外用治外伤出血。

253. 紫薇　*Lagerstroemia indica*

形态　落叶灌木或小乔木，高可达7米。树皮平滑，灰色或灰褐色；枝干多扭曲，小枝纤细，具4棱，略成翅状。叶互生或有时对生，纸质，椭圆形或倒卵形，顶端短尖，基部近圆形，无毛或下表面沿中脉有微柔毛，侧脉3~7对，小脉不明显；无柄或叶柄很短。花淡红色、紫色或白色。蒴果椭圆状球形，幼时绿色至黄色，成熟时呈紫黑色。种子有翅。

生境　半阴生，喜肥沃湿润的土壤，能耐旱，在钙质土或酸性土上都能生长良好。

分布　黑冲有分布。

用途　根和树皮入药，具有活血、止血、解毒和消肿的药效，用于治疗各种出血、骨折、乳腺炎、湿疹和肝炎等。

千屈菜科　石榴科　葫芦科

石榴科　Punicaceae

254. 石榴　*Punica granatum*

形态　落叶灌木或乔木，高3~5米。枝顶常生尖锐长刺，幼枝具棱角，无毛，老枝近圆柱形。叶通常对生，纸质，矩圆状披针形，长2~9厘米，顶端短尖、钝尖或微凹，基部短尖至稍钝形，上表面光亮，侧脉稍细密，叶柄短。花大，1~5朵生枝顶；花瓣红色、黄色或白色，长1.5~3厘米，宽1~2厘米，顶端圆形；花丝无毛，长约13毫米。浆果近球形，淡黄褐色或淡黄绿色。种子钝角形，红色至乳白色。

生境　全球温带、热带均有种植，喜向阳、湿润肥沃石灰质土壤，多栽培。

分布　施秉地区有种植。

用途　果皮入药，可涩肠止血，治慢性下痢、肠痔出血等；根皮可用于驱除绦虫和蛔虫。

葫芦科　Cucurbitaceae

255. 中华栝楼　*Trichosanthes rosthornii*

形态　攀援藤本。块根条状，淡灰黄色，具横瘤状突起。茎具纵棱及槽，疏被短柔毛。叶片纸质，阔卵形，通常5深裂，裂片披针形或倒披针形，先端渐尖，边缘具短尖头状细齿，叶基心形，弯缺深1~2厘米；上表面深绿色，疏被短硬毛，背面淡绿色，无毛，密具颗粒状突起；掌状

109

脉5~7条，上面凹陷，被短柔毛，背面突起，侧脉弧曲，网结，细脉网状。雌雄异株。雄花单生，或为总状花序，或两者并生，顶端具5~10花；雌花单生，被微柔毛。果实球形或椭圆形，光滑无毛，成熟时果皮及果瓤均为橙黄色。种子卵状椭圆形，扁平，褐色，距边缘稍远处具一圈明显的棱线。

生境 海拔400~1850米的山谷密林中、山坡灌丛中及草丛中。

分布 云台山有分布。

用途 种子入药，能清肺化痰、滑肠通便，用于治疗肺虚燥咳、肠燥便秘等；果皮入药，能润肺化痰、利气宽胸，治疗咽痛、胸痛、吐血、消渴和痈疮肿毒等。

256. 齿叶赤瓟 *Thladiantha dentata*

形态 粗壮攀援或匍匐草本。茎和枝光滑，有棱沟。叶柄稍粗壮，有不明显的沟纹；叶片卵状心形，顶端短渐尖，基部向内倾而靠合，边缘有小齿；上表面深绿色，密布疣状糙点，背面淡绿，平滑且无毛。卷须稍粗壮，有不明显的纵纹。雌雄异株。果梗粗壮，果实长椭圆形或长卵形，两端圆形，顶端有小尖头，表面平滑。种子长卵形，黄白色，基部圆形，顶端稍狭，两面平滑，有不明显的小疣状突起。

生境 海拔500~2100米的路旁、山坡、沟边和灌丛中。

分布 塘头有分布。

用途 根入药，有生津开胃、健脾补虚的药效。

257. 南赤瓟 *Thladiantha nudiflora*

形态 全体密生柔毛状硬毛；根块状。茎草质攀援状，有较深的棱沟。叶柄粗壮；叶片质稍硬，卵状心形、宽卵状心形或近圆心形，先端渐尖或锐尖，边缘具细锯齿，基部弯缺开放；上表面深绿色，粗糙，有短而密的细刚毛，背面色淡，密被淡黄色短柔毛；基部侧脉沿叶基弯缺向外展开。卷须稍粗壮，密被硬毛，下部有明显的

110

沟纹，上部2歧。雌雄异株。雄花为总状花序，多数花集生于花序轴的上部。雌花单生，花梗细，有长柔毛。果实长圆形，干后红色或红褐色。种子卵形，表面有明显的网纹。

生境 海拔900~1700米的沟边、林缘或山坡灌丛中。

分布 谢家院有分布。

用途 根、叶入药，能清热解毒、消食化滞，用于治疗痢疾、肠炎、消化不良和毒蛇咬伤等。

258. 佛手瓜 *Sechium edule*

形态 具块状根的多年生宿根草质藤本。茎攀援或人工架生，有棱沟。叶柄纤细，无毛；叶片膜质，近圆形，中间的裂片较大，侧面的较小，先端渐尖，边缘有小细齿，基部心形；上表面深绿色，稍粗糙，背面淡绿色，有短柔毛，以脉上较密。卷须粗壮，有棱沟，无毛，3~5歧。雌雄同株。雄花生于总花梗上部成总状花序，花序轴稍粗壮，无毛；雌花单生。果实淡绿色，倒卵形，有稀疏短硬毛，上部有5条纵沟，具1粒种子。种子大型，卵形且扁。

生境 喜温热湿润的环境，中等光照，对土壤无严格要求，土质肥沃和保肥保水能力强的土壤上生长更好。

分布 栽培或野生。

用途 果实既可做菜食用，又能当水果生吃；果实入药，可理气和中、疏肝止咳，用于治疗消化不良、胸闷气胀、呕吐和肝胃气痛等。

259. 茅瓜 *Solena amplexicaulis*

形态 攀援草本，块根纺锤状。茎、枝柔弱，无毛，具沟纹。叶柄纤细且短；叶片薄革质，3~5浅裂至深裂，先端钝或渐尖；上表面深绿色，稍粗糙，脉上有微柔毛，背面灰绿色，叶脉凸起，近无毛，基部心形，弯缺半圆形，边缘全缘或有疏齿。卷须纤细，不分歧。雌雄异株。雄花生于伞房状花序梗顶端；花极小，花梗纤细，近无毛。雌花单生于叶腋，花梗被微柔毛。果实红褐色，长圆状或近球形，表面近平滑。种子数粒，灰白色，近圆球形或倒卵形，边缘不拱起，表面光滑无毛。

生境 海拔600~2600米的山坡路旁、林下、杂木林中和灌丛中。

分布 太平山有分布。

用途 块根入药，能清热解毒、消肿散结。

野牡丹科　Cucurbitaceae

260. 肉穗草　*Sarcopyramis bodinieri*

形态　小草本，纤细，高5~12厘米，具葡匐茎，无毛。叶片纸质，卵形或椭圆形，顶端钝或急尖，基部钝、圆形或近楔形，边缘具疏浅波状齿，齿间具小尖头，基出脉3~5条；叶表面被疏糙伏毛，基出脉微隆起，侧脉不明显，绿色或紫绿色，有时沿基出脉及侧脉呈黄白色，背面通常无毛，呈紫红色，基出脉与侧脉隆起。聚伞花序，顶生，有花1~3朵，花梗常四棱形，棱上具狭翅。蒴果通常白绿色，杯形，具四棱。

生境　海拔1000~2450米的山谷密林下阴湿的地方或石缝间。

分布　两岔河有分布，模式标本采自贵阳黔灵山。

用途　全草入药，能清热利湿、消肿解毒，用于治疗热毒血痢、暑湿泄泻、肺热咳嗽、外伤红肿和毒蛇咬伤等。

柳叶菜科　Onagraceae

261. 光滑柳叶菜　*Epilobium amurense subsp. Cephalostigma*

形态　多年生直立草本。茎高20~50厘米，粗1.5~4毫米，不分枝或有少数分枝，上部有曲柔毛与腺毛，中下部常有明显的毛棱线，其余无毛。叶对生，卵形，先端锐尖，基部圆形或宽楔形，边缘有锐齿。花序直立，常被曲柔毛与腺毛。花白色或粉红色，倒卵形。蒴果疏被柔毛或无毛。种子长圆状倒卵形，深褐色，顶端近圆形，具不明显短喙，表面具粗乳突。

生境　山区溪沟边、沼泽地、草坡和林缘湿润处。

分布　蒋家田有分布。

用途　民间草药。

野牡丹科　柳叶菜科

262. 柳兰 *Epilobium angustifolium*

形态　多年粗壮草本，直立，丛生。根状茎广泛匍匐于表土层，木质化，自茎基部生出强壮的越冬根出条，茎高20~130厘米，粗2~10毫米，不分枝或上部分枝，圆柱状，无毛。叶螺旋状互生，无柄，披针状长圆形至倒卵形，常枯萎；中上部的叶近革质，线状披针形或狭披针形，先端渐狭，基部钝圆或有时宽楔形；叶面绿色或淡绿，两面无毛，边缘近全缘或稀疏浅小齿，稍微反卷。花粉红至紫红色，稀白色，倒卵形，全缘或先端具浅凹缺。蒴果密被贴生的白灰色柔毛。种子狭倒卵状，先端短渐尖，具短喙，褐色，表面近光滑但具不规则的细网纹。

生境　山区半开旷或开旷较湿润草坡灌丛、火烧迹地、高山草甸、河滩和砾石坡处。

分布　谢家院有分布。

用途　全草入药，有消肿利水、下乳和润肠的药效，用于乳汁不足、气虚浮肿等。

263. 柳叶菜 *Epilobium hirsutum*

形态　多年生粗壮草本。茎高25~120厘米，粗3~12毫米，常在中上部多分枝，密被伸展长柔毛，常混生较短而直的腺毛。叶草质，对生，茎上部的互生，无柄，并抱茎；茎生叶披针状椭圆形至狭倒卵形，先端锐尖至渐尖，基部近楔形，边缘具细锯齿，两面被长柔毛，侧脉常不明显。花玫瑰红色或粉红，宽倒心形。蒴果长2.5~9厘米，果梗长0.5~2厘米。种子倒卵状，顶端具很短的喙，深褐色，表面具粗乳突。

生境　河谷、溪流河床沙地、石砾地或沟边与湖边的向阳湿处。

分布　塘头、谢家院有分布。

用途　嫩苗及嫩叶可做凉菜食用；根或全草入药，有消炎止痛、祛风除湿、活血止血和生肌的药效。

264. 南方露珠草　*Circaea mollis*

形态　植株高25~150厘米，被镰状弯曲毛。叶狭披针形、阔披针形至狭卵形，基部楔形或圆形，先端狭渐尖至近渐尖，边缘近全缘至具锯齿。顶生总状花序常于基部分枝，而生于侧枝顶端的总状花序通常不分枝；花梗与花序轴垂直生，基部不具或具1枚极小的刚毛状小苞片，花梗常被毛，花芽无毛或被曲的和直的、顶端头状和棒状的腺毛。花瓣白色，阔倒卵形。果狭梨形至阔梨形，基部不对称地渐狭至果梗，果2室，具2粒种子，纵沟极明显。

生境　海拔1000~2400米的山坡林下阴湿处。

分布　云台山有分布。

用途　全草入药，能祛风除湿、活血消肿、清热解毒，用于治疗风湿痹痛、跌打瘀肿、无名肿毒、毒蛇咬伤等。

八角枫科　Alangiaceae

265. 八角枫　*Alangium chinense*

形态　落叶乔木或灌木，高3~5米，直径20厘米。幼枝紫绿色，无毛或有稀疏的疏柔毛。叶纸质，近圆形或卵形，顶端短锐尖或钝尖，基部两侧常不对称，阔楔形或截形；叶上表面深绿色，无毛，下表面淡绿色，除脉腋有丛状毛外，其余部分近无毛；基出脉3~5条，成掌状，侧脉3~5对。聚伞花序腋生，被稀疏微柔毛，有7~30花；花瓣线形，基部粘合，上部开花后反卷，外面有微柔毛，初为白色，后变黄色。核果卵圆形，幼时绿色，成熟后黑色。

生境　海拔1800米以下的山地或疏林中。

分布　云台山及舞阳河畔有分布。

用途　根入药即为白龙须，茎入药即为白龙条，治风湿、跌打损伤和外伤止血等。

114

八角枫科　蓝果树科　山茱萸科

266. 稀花八角枫　*Alangium chinense subsp. pauciflorum*

形态　灌木或小乔木。叶较小，卵形，顶端锐尖，常不分裂。花较稀少，每花序仅3~6花，花瓣8枚，花丝有白色疏柔毛。

生境　海拔1100~2500米山坡丛林中。

分布　云台山有分布。

用途　根入药，具有祛风、通络、散瘀和镇痛的药效；叶能用于跌打接骨；花能治头痛及胸腹胀痛。

蓝果树科　Nyssaceae

267. 喜树　*Camptotheca acuminata*

形态　落叶乔木，高达20余米。树皮灰色或浅灰色，纵裂成浅沟状。小枝圆柱形，平展，当年生枝紫绿色，有灰色微柔毛，多年生枝淡褐色或浅灰色，无毛，有稀疏的圆形或卵形皮孔。叶互生，纸质，矩圆状卵形，顶端短锐尖，基部近圆形或阔楔形，全缘，上表面亮绿色，下表面淡绿色，疏生短柔毛。花瓣5枚，淡绿色，矩圆形，顶端锐尖，外面密被短柔毛，早落；花丝纤细，无毛。翅果矩圆形，顶端具宿存的花盘，两侧具窄翅。

生境　海拔1000米以下的林边或溪边。

分布　黑冲附近的公路边有分布。

用途　根、茎、叶及果均入药，有抗癌、清热和杀虫的药效，用于治疗胃癌、直肠癌、膀胱癌、慢性粒细胞性白血病和急性淋巴细胞性白血病；外用治牛皮癣。

山茱萸科　Cornaceae

268. 短梗四照花　*Dendrobenthamia brevipedunculata*

形态　乔木或灌木，高4~15米。树皮深灰色；幼枝绿色或带紫色，老枝灰色，有多数皮孔。叶片长圆状卵形或狭椭圆形，革质，近无毛。花序有40~50花，花瓣、花丝无毛；苞片白色，宽卵形，两面稍被柔毛。果成熟时红色。

生境　生于海拔1700~1750米的山区。

分布　云台山有分布。

用途　民间草药。

269. 有齿鞘柄木 *Toricellia angulata var. intermedia*

形态 落叶灌木或小乔木，高2.5~8米；树皮灰色。叶互生，膜质或纸质，阔卵形或近于圆形，裂片5~7，裂片边缘有齿牙状锯齿；掌状脉5~7条，在两面均凸起，无毛。总状圆锥花序顶生，下垂，雄花花瓣5，长圆披针形，长1.8毫米，先端钩状内弯；雌花较稀疏，无花瓣及雄蕊。果实核果状，卵形，花柱宿存。

生境 海拔900~2000米的林缘或溪边。

分布 黑冲等地有分布。

用途 将根捣烂外敷，能消伤肿、接骨；浸酒内服，能舒筋活血。花、叶入药，具有调血、接骨、补虚、解热和平喘等药效，治骨折、跌打损伤、扁桃腺炎和哮喘等。

270. 光皮梾木 *Cornus wilsoniana*

形态 落叶灌木或乔木，高5~18米；树皮光滑，带绿色。叶对生，狭椭圆形至阔椭圆形，顶端短渐尖，基部楔形，密被白色的短柔毛及细小的凸起。花白色；萼齿宽三角形；花瓣4，披针形，长5毫米。核果球形，蓝黑色，直径6毫米。

生境 海拔130~1000米的疏林中。

分布 两岔河附近有分布。

用途 果可食用。

271. 西域青荚叶　*Helwingia himalaica*

形态　常绿灌木，高2~3米；幼枝细瘦，黄褐色。叶厚纸质，长圆形，先端尾状渐尖，基部阔楔形，边缘具腺状细锯齿。雄花绿色带紫，4朵；雌花3~4朵，向外反卷。果实近球形，常1~3枚生于叶面中脉上。

生境　海拔1700~3000米的树林中。

分布　云台山有分布。

用途　叶或果实入药，有祛风除湿、活血解毒的药效；根入药，能止咳平喘、活血通络，用于治疗久咳虚喘、风湿痹痛、跌打肿痛和月经不调等。

五加科　Araliaceae

272. 楤木　*Aralia chinensis*

形态　灌木或乔木，高2~5米，稀达8米。树皮灰色，疏生粗壮直刺；小枝通常淡灰棕色，有黄棕色茸毛。小叶纸质至薄革质，卵形或长卵形，先端渐尖或短渐尖，基部圆形，上表面粗糙，疏生糙毛，下表面被淡黄色或灰色短柔毛，边缘有锯齿。花白色，芳香；萼无毛，边缘有三角形小齿；花瓣5，卵状三角形。果实球形，黑色。

生境　生于森林、灌丛或林缘路边，垂直分布于海拔2700米以下。

分布　云台山有分布。

用途　根皮入药，有镇痛消炎、祛风行气和祛湿活血的药效，外敷可用于治疗刀伤。

273. 短序鹅掌柴　*Schefflera bodinieri*

形态　灌木或小乔木，高1~5米；小枝红紫色。叶有小叶6~9，膜质或纸质，长圆状椭圆形至披针形，先端长渐尖，基部阔楔形至钝形，两面均无毛，边缘疏生细锯齿或波状钝齿。花白色；萼有灰白色星状短柔毛，边缘有5齿；花瓣5，有羽状脉纹，外面有灰白色星状短柔毛，但很快脱净。果实球形或近球形，几乎无毛，红色。

生境　海拔400~1000米的密林中。

分布　云台山有分布。

用途　茎皮和根皮入药，能祛风除湿、行气止痛，可用于治风湿痹痛、肾虚腰痛和跌打肿痛等。

274. 树参 *Dendropanax dentiger*

形态 乔木或灌木。高2~8米。叶片厚纸质或革质，叶形变异大，不分裂叶片为椭圆形，稀长圆状椭圆形、椭圆状披针形、披针形或线状披针形，先端渐尖，基部钝形或楔形，分裂叶片倒三角形，掌状2~3深裂或浅裂，两面均无毛，边缘全缘，侧脉4~6对，网脉两面显著且隆起。伞形花序顶生，单生或2~5个聚生成复伞形花序；花梗粗壮；萼边缘近全缘或有5小齿；花瓣5，三角形或卵状三角形。果实长圆状球形。

生境 海拔1800米以下的常绿阔叶林或灌丛中，为本属分布最广的种。

分布 白塘村、塘头和云台山等地有分布，贵州西南部也有分布。

用途 本种为民间草药，根、茎和叶治偏头痛、风湿痹痛等。

275. 吴茱萸五加 *Gamblea ciliata var. evodiifolia*

形态 灌木或乔木，高2~12米。枝暗色，新枝红棕色，无毛，无刺。叶有3小叶，在长枝上互生，在短枝上簇生；小叶片纸质至革质，中央小叶片椭圆形或卵形，先端渐尖，基部楔形，两侧小叶片基部歪斜，较小，上表面无毛，下表面脉腋有簇毛，边缘全缘或有锯齿，齿有长或短的刺尖；侧脉6~8对，两面明显，网脉明显。伞形花序有多数或少数花，通常几个组成顶生复伞形花序，稀单生；花瓣5，长卵形，开花时反曲。果实球形或略长，黑色，有4~2浅棱。

生境 海拔1000~3300米的森林中。

分布 云台山有分布。

用途 根皮入药，能祛风利湿、活血舒筋和理气化痰，治风湿痹痛、腰膝酸痛、跌打损伤及劳伤咳嗽等。

276. 常春藤　*Hedera nepalensis* var. *sinensis*

形态　常绿攀援灌木。茎长3~20米，灰棕色或黑棕色，有气生根。叶片革质，在不育枝上通常为三角状卵形或三角状长圆形，先端短渐尖，基部截形，边缘全缘或3裂；花枝上的叶片通常为椭圆状卵形至椭圆状披针形，先端渐尖或长渐尖，基部楔形或阔楔形，全缘或1~3浅裂，上表面深绿色，有光泽，下表面淡绿色或淡黄绿色，无毛或疏生鳞片，侧脉和网脉两面均明显。花淡黄白色或淡绿白色，芳香；花瓣三角状卵形，外面有鳞片。果实球形，红色或黄色。

生境　常攀援于林缘树木、林下路旁、岩石和房屋墙壁上，垂直分布于海拔3500米以下。

分布　施秉地区有栽培。

用途　全株入药，有舒筋散风的药效，茎与叶捣碎治衄血，也可治痛疽。

伞形科　Apiaceae

277. 窃衣　*Torilis scabra*

形态　通常无总苞片，很少有1钻形或线形的苞片；伞辐2~4，长1~5厘米，粗壮，有纵棱及向上紧贴的粗毛。果实长圆形。

生境　海拔250~2400米的山坡、林下、路旁、河边及空旷草地上。

分布　白沙井、舞阳河畔、杉木河畔及黑冲均有分布。

用途　全草入药，能杀虫止泻、收湿止痒，用于治疗虫积腹痛、泄痢、疮疡溃烂及风湿疹等。

119

278. 水芹 *Oenanthe javanica*

形态　多年生草本，高15~80厘米，茎直立或基部匍匐。基生叶三角形，1~2回羽状分裂，末回裂片卵形至菱状披针形，边缘有圆齿状锯齿，叶柄长达10厘米；茎上部叶无柄，裂片和基生叶的裂片相似，较小。复伞形花序顶生；伞辐6~16，不等长，直立和展开；小伞形花序有花20余朵，花柄长2~4毫米；萼齿线状披针形，与花柱基等长；花瓣白色，倒卵形，有一长而内折的小舌片。果实近于筒状长圆形，侧棱较背棱和中棱隆起，木栓质。

生境　浅水低洼地方或池沼、水沟旁，农舍附近常见栽培。

分布　黑冲有分布。

用途　茎与叶食用；全草也可药用，有降低血压的药效。

279. 天胡荽 *Hydrocotyle sibthorpioides*

形态　多年生草本，有气味。茎细长而匍匐，平铺在地上成片，节上生根。叶片膜质至草质，圆形或肾圆形，基部心形，两耳有时相接，不分裂或5~7裂，裂片阔倒卵形，边缘有钝齿，表面光滑，背面脉上疏被粗伏毛，有时两面光滑或密被柔毛。小伞形花序与叶对生，单生于节上；花5~18朵，花无柄或有极短的柄，花瓣卵形，长约1.2毫米，绿白色，有腺点。果实略呈心形，两侧扁压，幼时表面草黄色，成熟时有紫色斑点，中棱在果成熟时隆起。

生境　海拔475~3000米的湿润草地、河沟边及林下。

分布　黑冲有分布。

用途　全草入药，具有清热、利尿、消肿和解毒等药效，可用于治疗黄疸、赤白痢疾、目翳、喉肿、痈疽疔疮和跌打瘀伤。

280. 鸭儿芹 *Cryptotaenia japonica*

形态 多年生草本，高20~100厘米。主根短，侧根多数而细长。茎直立，光滑，有分枝。叶片边缘有不规则的锯齿，表面绿色，背面淡绿色，两面叶脉隆起。花白色，花瓣倒卵形，顶端有内折的小舌片；花丝短于花瓣。分生果线状长圆形，合生面略收缩，胚乳腹面近平直。

生境 海拔200~2400米的山地、山沟及林下较阴湿的地区。

分布 舞阳河畔有分布。

用途 全草入药，可用于治疗虚弱、尿闭及肿毒等，将全草捣烂外敷可治蛇咬伤。

281. 野胡萝卜 *Daucus carota*

形态 二年生草本，高15~120厘米。茎单生，全体有白色粗硬毛。基生叶薄膜质，长圆形，2~3回羽状全裂，末回裂片线形或披针形，顶端尖锐，有小尖头，光滑或有糙硬毛；茎生叶近无柄，有叶鞘，末回裂片小或细长。花通常白色，有时淡红色；花柄不等长，长3~10毫米。果实圆卵形，棱上有白色刺毛。

生境 山坡路旁、旷野或田间。

分布 白塘村、黑冲和牛大场等地有分布。

用途 果实入药，有驱虫作用，也可用于提取芳香油。

鹿蹄草科 Pyrolaceae

282. 鹿蹄草 *Pyrola calliantha*

形态 常绿草本状小半灌木，高10~30厘米。根茎细长，有分枝。叶基生，革质，椭圆形或圆卵形，先端钝头或圆钝头，基部阔楔形或近圆形，边缘近全缘；上表面绿色，下表面常有白霜，有时带紫色。花白色，有时稍带淡红色，倾斜，稍下垂；花冠广开；花瓣倒卵状椭圆形或倒卵形。蒴果扁球形。

生境 海拔700~4100米的山地针叶林、针阔叶混交林和阔叶林下。

分布 黑冲等地有分布。

用途 全草入药，有补肾强骨、祛风除湿、止咳和止血的药效，可治肾虚腰痛、风湿痹痛、筋骨痿软、新久咳嗽和外伤出血等。

杜鹃花科　Ericaceae

283. 杜鹃　*Rhododendron simsii*

形态　落叶灌木，高2~5米。分枝多而纤细，密被亮棕褐色且扁平的糙伏毛。叶革质，常集生于枝端，先端短渐尖，基部楔形或宽楔形，边缘微反卷，具细齿；上表面深绿色，疏被糙伏毛，下表面淡白色，密被褐色糙伏毛。花2~3朵簇生枝顶；花梗密被亮棕褐色糙伏毛；花萼被糙伏毛，边缘具睫毛；花冠阔漏斗形，玫瑰色、鲜红色或暗红色，倒卵形，上部裂片具深红色斑点。蒴果卵球形，密被糙伏毛。

生境　海拔500~1200米的山地疏灌丛或松林下，为我国中南及西南地区典型的酸性土指示植物。

分布　云台山、黑冲有分布。

用途　全株入药，具有行气活血、补虚的药效，用于治疗内伤咳嗽、肾虚耳聋和月经不调等。

紫金牛科　Myrsinaceae

284. 杜茎山　*Maesa japonica*

形态　灌木，直立，有时外倾或攀援，高1~3米；小枝无毛，具细条纹，疏生皮孔。叶片革质，有时较薄，顶端渐尖、急尖或钝，有时尾状渐尖，基部楔形、钝形或圆形，近全缘，两面无毛，叶面中、侧脉及细脉微隆起，背面中脉明显，隆起，侧脉5~8对，不明显。花萼具明显的脉状腺条纹，无毛，具细缘毛；花冠白色，长钟形，具明显的脉状腺条纹；花丝与花药等长。果球形，肉质，具脉状腺条纹。

生境　海拔300~2000米的山坡、石灰山杂木林下向阳处或路旁灌木丛中。

分布　两岔河附近有分布。

用途　根入药，用于治疗头痛、腰痛和水肿等；叶入药，外用治创伤出血。

285. 江南紫金牛　*Ardisia faberi*

形态　小灌木或亚灌木，长15~30厘米。近蔓生，具匍匐生根的根茎，无分枝，密被锈色卷曲长柔毛。叶对生或近轮生，叶片厚膜质或坚纸质，卵状椭圆形或披针状椭圆形，顶端渐尖，基部楔形，边缘具粗锯齿，背面

122

中、侧脉明显，隆起，毛多，无边缘脉。花梗被卷曲长柔毛；花萼基部几分离，萼片狭披针形或线状披针形，外面密被长柔毛，里面无毛；花瓣白色至粉红色，广卵形，顶端急尖或钝，具腺点，无毛。果球形，红色，无腺点，无毛或被微柔毛。

生境 海拔1000~1300米的山谷疏林和密林下，常见于阴湿处、水旁、路边或石缝间。

分布 两岔河、胜溪、杉木河等地有分布。

用途 根、叶入药可用于治疗感冒咳嗽、蛾喉等。

286. 朱砂根 *Ardisia crenata*

形态 灌木，高1~2米，稀达3米；茎粗壮，无毛。叶片革质或坚纸质，椭圆形、椭圆状披针形至倒披针形，顶端急尖或渐尖，基部楔形，边缘具波状齿和明显的边缘腺点；两面无毛，侧脉12~18对，构成不规则的边缘脉。花梗近无毛；花萼仅基部连合，萼片长圆状卵形，顶端圆形或钝，全缘，两面无毛，具腺点；花瓣白色，盛开时反卷，卵形，顶端急尖，具腺点，外面无毛。果球形，鲜红色，具腺点。

生境 海拔90~2400米的疏林、密林下阴湿的灌木丛中。

分布 云台山有分布。

用途 根、叶入药可祛风除湿、散瘀止痛和通经活络，用于治疗跌打风湿、消化不良、咽喉炎及月经不调等；果可食用。

报春花科 Primulaceae

287. 腺药珍珠菜 *Lysimachia stenosepala*

形态 多年生草本，全体光滑。茎直立，高30~65厘米，上部四棱形，下部近圆柱形。叶片基部渐狭，边缘微呈皱波状，上面绿色，下面粉绿色，两面近边缘散生腺点或短腺条。总状花序顶生，疏花，苞片线状披针形；花萼分裂近达基部，裂片线状披针形；花冠白色，钟状；雄蕊约与花冠等长，花丝贴生于花冠裂片的中下部，药隔顶端有红色腺体；花粉粒具3孔沟，长球形；子房无毛，花柱细长。蒴果球形。花期5~6月；果期7~9月。

生境 山谷林缘、溪边和山坡草地湿润处，海拔850以上。

分布 黑冲等地有分布。

用途 全草入药，治骨折、跌打损伤、外出血、火烫伤、疮痒、乳痈、咽喉痛、毒蛇咬伤。

288. 过路黄 *Lysimachia christiniae*

形态 茎柔弱，平卧延伸，长20~60厘米。叶对生，卵圆形、近圆形以至肾圆形，先端锐尖或圆钝以至圆形，基部截形至浅心形，两面无毛或密被糙伏毛。花单生于叶腋；花萼先端锐尖或稍钝，无毛、被柔毛或仅边缘具缘毛；花冠黄色，质地稍厚，具黑色长腺条。蒴果球形，无毛，有稀疏黑色腺条。

生境 沟边、路旁阴湿处和山坡林下，垂直分布可达海拔2300米。

分布 两岔河附近有分布。

用途 全草入药，能清热解毒、利尿排石，用于治疗胆囊炎、肝胆结石、毒蛇咬伤、毒蕈及药物中毒；外用治化脓性炎症、烧烫伤。

289. 狭叶落地梅 *Lysimachia paridiformis var. stenophylla*

形态 叶6~18片轮生茎端，叶片披针形至线状披针形。花较大，长可达17毫米；花梗长可达3厘米。

生境 林下和阴湿沟边。

分布 杉木河附近有分布。

用途 全草入药，能祛风通络、活血止痛，用于治疗风湿痹痛、半身不遂、小儿惊风、跌打及骨折。

290. 落地梅 *Lysimachia paridiformis*

形态 根簇生，纤维状，密被黄褐色茸毛。茎通常数条簇生，直立，无毛，不分枝，节部稍膨大。叶4~6片在茎端轮生，叶片倒卵形以至椭圆形，先端短渐尖，基部楔形，无柄或近于无柄，无毛，两面散生黑色腺条。花集生茎端成伞形花序；花萼分裂可达基部，无毛或具稀疏缘毛，有时具稀疏黑腺条；花冠黄色，基部合生部分长约3毫米，裂片狭长圆形，先端钝或圆形。蒴果近球形。

生境 山谷林下湿润处，垂直分布可达海拔1400米。

分布 云台山有分布。

用途 全草入药，治风热咳嗽、胃痛和风湿痛；外用治跌打损伤、毒蛇咬伤等。

报春花科

291. 叶头过路黄 *Lysimachia phyllocephala*

形态 茎通常簇生，直立，高10~30厘米。叶对生，叶片卵形至卵状椭圆形，先端锐尖或稍钝而具骤尖头，基部阔楔形；上表面深绿色，下表面较淡，两面均被具节糙伏毛。花序顶生，近头状，多花；花梗密被柔毛；花萼先端渐尖，背面被柔毛；花冠黄色，基部合生部分长约3毫米，裂片倒卵形或长圆形，先端锐尖或圆形，有透明腺点。蒴果褐色。

生境 海拔600~2600米的阔叶林下和山谷溪边、路旁。

分布 两岔河附近有分布。

用途 全草入药，能散风、清热和解毒，用于治疗风热咳嗽、咽喉疼痛及热毒疮疖等。

292. 显苞过路黄 *Lysimachia rubiginosa*

形态 茎直立或基部倾卧生根，高30~100厘米，被铁锈色柔毛，通常有分枝；枝纤细，常较叶片短，仅顶端具叶状苞片及花。叶对生，卵形至卵状披针形，先端锐尖或短渐尖，基部近圆形或阔楔形，边缘具缘毛，两面疏被糙伏毛而沿中肋较密，密布黑色或棕褐色腺条。花3~5朵，单生于枝端密集的苞腋；花冠黄色，基部合生部分长3~4毫米，裂片狭长圆形，先端钝或锐尖，具黑色或褐色腺条。

生境 海拔140~4500米的山谷溪旁、林下等阴湿处。

分布 云台山有分布。

用途 全草入药，能清热解毒、止咳止痛，用于治疗黄疸型肝炎。

293. 聚花过路黄 *Lysimachia congestiflora*

形态 茎下部匍匐，节上生根，上部及分枝上升，长6~50厘米，圆柱形，密被多细胞卷曲柔毛。叶对生，卵形、阔卵形或近圆形，近等大，先端锐尖或钝，基部近圆形或截形；上表面绿色，下表面颜色较淡，两面被具节糙伏毛，近边缘有暗红色或黑色的腺点。花2~4朵集生茎端和枝端成近头状的总状花序；花梗极短；花冠黄色，内面基部紫红色，基部合生部分长2~3毫米，5裂，裂片卵状椭圆形至长圆形，先端锐尖或钝，散生暗红色或黑色的腺点。

蒴果球形，直径3~4毫米。

生境 生于水沟边、田塍上和山坡林缘、草地等湿润处，垂直分布上限可达海拔2100米。

分布 舞阳河畔有分布。

用途 全草入药，能祛风散寒、化痰止咳、解毒利湿和消积排石，用于治疗风寒头痛、咽喉肿痛、肾炎水肿、肾结石、疔疮和毒蛇咬伤等。

294. 细梗香草 *Lysimachia capillipes*

形态 株高40~60厘米。茎通常多条簇生，直立，中部以上分枝，草质，具棱，棱边有时呈狭翅状。叶互生，卵形至卵状披针形，先端锐尖或有时渐尖，基部短渐狭或钝；两侧常稍不等称，边缘全缘或微皱呈波状，无毛或上表面被极疏的小刚毛。花单出腋生；花梗纤细，丝状，长1.5~3.5厘米；花冠黄色，分裂近达基部，裂片狭长圆形或近线形，先端稍钝。蒴果近球形，带白色，直径3~4毫米。

生境 海拔300~2000米的山谷林下和溪边。

分布 云台山有分布。

用途 全草入药，能祛风除湿、行气止痛和解毒，用于治疗感冒、咳嗽、风湿痹痛、月经不调、疔疮和蛇咬伤等。

295. 岩生报春 *Primula saxatilis*

形态 多年生草本，具短而纤细的根状茎。叶3~8片丛生，叶片阔卵形至矩圆状卵形，先端钝，基部心形，边缘具缺刻状或羽状浅裂，裂片边缘有三角形牙齿；上表面深绿色，被短柔毛，下表面淡绿色，被柔毛。伞形花序1~2轮，每轮3~9花；花梗稍纤细，直立或稍下弯，被柔毛或短柔毛；花冠淡紫红色，外面近无毛，冠檐直径1.3~2.5厘米，裂片倒卵形，先端具深凹缺。

生境 林下和岩石缝中。

分布 杉木河畔有分布。

用途 民间草药，也为观赏野生花卉。

296. 小伞报春 *Primula sertulum*

形态 多年生草本，具粗短的根状茎和多数长根。叶片倒披针形，先端钝或近圆形，基部楔状渐狭，边缘具不整齐的锐尖牙齿；两面绿色，下表面散布头状小腺体。伞形花序6~20花；花梗被小腺体；花冠堇蓝色或粉红色，冠筒长7~8毫米，喉部具环状附属物，稍长于花萼，冠檐直径约1.5厘米，裂片倒卵形，先端深2裂。蒴果卵圆形，直径约3毫米。

生境 海拔1400~2000米的滴水的石缝中，有时生长于灌丛下。

分布 白沙井附近有分布。

用途 民间草药。

柿树科　Ebenaceae

297. 柿　*Diospyros kaki*

形态 落叶大乔木，通常高达10~14米以上。树皮深灰色至灰黑色，沟纹较密；树冠球形或长圆球形。枝开展，带绿色至褐色，无毛，散生纵裂的长圆形或狭长圆形皮孔。叶纸质，卵状椭圆形至倒卵形或近圆形，通常较大，先端渐尖或钝，基部楔形、钝形或近截形；新叶疏生柔毛，老叶上表面深绿色，无毛，下表面绿色，有柔毛或无毛。雌雄异株，花序腋生，为聚伞花序。雄花花冠钟状，黄白色，外面或两面有毛，4裂，裂片卵形或心形，开展，先端钝，雄蕊16~24，着生在花冠管的基部。雌花花冠淡黄白色或带紫红色，壶形或近钟形，4裂，裂片阔卵形，上部向外弯曲。果常为球形、扁球形和卵形等，嫩时绿色，后变橙黄色，果肉较脆硬，有种子数粒；果柄粗壮。种子褐色，椭圆状。

生境 柿树是深根性树种，又是阳性树种，喜温暖气候、充足阳光和深厚、肥沃、湿润及排水良好的土壤，适生于中性土壤，较能耐寒，也较能耐瘠薄，抗旱性强，不耐盐碱土。

分布 施秉地区有栽培。

用途 果实可食用，入药有清热、润肺、生津和解毒的药效。

安息香科　Styracaceae

298. 粉花安息香　*Styrax roseus*

形态　小乔木，高4~8米，胸径约8厘米；树皮灰色或暗灰色，具细纵条纹，不开裂。叶互生，纸质，椭圆形、长椭圆形或卵状椭圆形，顶端渐尖或钝渐尖，尖头常稍弯，基部宽楔形，两边常不对称，边缘具腺体状锯齿，叶两面除叶脉被灰白色星状短柔毛外，其余疏被白色短柔毛，后被毛渐脱落，下表面主脉和侧脉汇合处被灰白色星状长柔毛。总状花序顶生，有花2~3朵，下部花常腋生；花序梗、花梗和小苞片均密被星状柔毛；花白色，有时粉红色，长1.5~2.5厘米。果实近球形，顶端具短尖头，密被灰色和橙红色星状茸毛；种子1~2粒，近平滑。

生境　海拔1000~2300米的疏林中。

分布　云台山有分布，贵州黔西、黎平也有分布。

用途　民间草药。

木犀科　Oleaceae

299. 牛矢果　*Osmanthus matsumuranus*

形态　常绿灌木或乔木，高2.5~10米；树皮淡灰色，粗糙。小枝扁平，黄褐色或紫红褐色，无毛。叶片薄革质或厚纸质，倒披针形，稀为倒卵形或狭椭圆形，先端渐尖，具尖头，基部狭楔形，下延至叶柄，全缘或上半部有锯齿，两面无毛，具针尖状突起腺点。聚伞花序组成短小圆锥花序，着生于叶腋；花梗无毛或被毛；花芳香；花冠淡绿白色或淡黄绿色，花冠管与裂片几等长，裂片反折，边缘具极短的睫毛。果椭圆形，绿色，成熟时为紫红色至黑色。

生境　海拔800~1500米的山坡密林、山谷林中和灌丛中。

分布　云台山有分布。

用途　叶及树皮入药，能解毒、排脓和消痈，可治痈疮。

安息香科 木犀科

300. 多毛小蜡 *Ligustrum sinense* var. *coryanum*

形态 落叶灌木或小乔木,高2~4米。小枝圆柱形,幼枝被淡黄色短柔毛或柔毛。叶片纸质或薄革质,先端锐尖至渐尖,或钝而微凹,基部宽楔形至近圆形,或为楔形;叶面深绿色,背面淡绿色;叶柄以及叶片下表面均被较密黄褐色或黄色硬毛或柔毛,稀仅沿下表面叶脉有毛。圆锥花序顶生或腋生,塔形,长4~11厘米,宽3~8厘米;花梗被短柔毛或无毛;花冠长3.5~5.5毫米,裂片长圆状椭圆形或卵状椭圆形;花萼常被短柔毛。果近球形,直径5~8毫米。

生境 海拔200~2600米的山坡、山谷、溪边、河旁及路边的密林、疏林或混交林中。

分布 两岔河有分布。

用途 树皮和叶入药,具清热降火的药效,可治疗牙痛及咽喉痛等。

301. 小蜡 *Ligustrum sinense*

形态 落叶灌木或小乔木,高2~4米。小枝圆柱形。叶片纸质或薄革质,卵形、椭圆状卵形、长圆形、长圆状椭圆形至披针形,先端锐尖、短渐尖至渐尖,或钝而微凹,基部宽楔形至近圆形,或为楔形;叶面深绿色,背面淡绿色。圆锥花序顶生或腋生,塔形,长4~11厘米,宽3~8厘米;花梗被短柔毛或无毛;花冠长3.5~5.5毫米,裂片长圆状椭圆形或卵状椭圆形。果近球形,直径5~8毫米。

生境 海拔200~2600米的山坡、山谷、溪边、河旁、路边的密林、疏林或混交林中。

分布 云台山、黑冲有分布。

用途 果实可酿酒;树皮和叶入药,具清热降火、解毒消肿的药效,用于治疗感冒发热、咽喉肿痛、湿热黄疸、痈肿疮毒、湿疹和跌打损伤等。

302. 华素馨　*Jasminum sinense*

形态　缠绕藤本，高1~8米。小枝褐色或紫色，圆柱形，密被锈色长柔毛。叶对生，叶片纸质，卵形、宽卵形或卵状披针形，稀近圆形或椭圆形，先端钝、锐尖至渐尖，基部圆形或圆楔形，叶缘反卷，两面被锈色柔毛，下表面的脉上尤密。聚伞花序常呈圆锥状排列，顶生或腋生，花多数，稍密集，稀单花腋生；花芳香；花冠白色或淡黄色，高脚碟状，裂片5枚，长圆形或披针形。果长圆形或近球形，呈黑色。

生境　海拔2000米以下的山坡、灌丛以及林中。

分布　黑冲等地有分布。

用途　全株入药，能清热解毒，用于治疮疡肿毒、金属及竹木刺伤等。

马钱科　Loganiaceae

303. 蓬莱葛　*Gardneria multiflora*

形态　木质藤本，长达8米。枝条圆柱形，有明显的叶痕；除花萼裂片边缘有睫毛外，全株均无毛。叶片纸质至薄革质，椭圆形、长椭圆形或卵形，少数披针形，顶端渐尖或短渐尖，基部宽楔形、钝形或圆形；上表面绿色而有光泽，下表面浅绿色。花多而组成腋生的2~3歧聚伞花序；花5朵；花萼裂片半圆形；花冠辐状，黄色或黄白色，花冠管短，花冠裂片椭圆状披针形至披针形，肉质厚。浆果圆球状，直径约7毫米，成熟时为红色。种子圆球形，黑色。

生境　海拔300~2100米山地密林下或山坡灌木丛中。

分布　黑冲有分布。

用途　根、叶入药，有祛风活血的药效，治关节炎、坐骨神经痛等。

龙胆科　Gentianaceae

304. 穿心草　*Canscora lucidissima*

形态　一年生草本，高10~30厘米，全株光滑无毛。茎直立，黄绿色，圆柱形，多分枝，枝柔弱。基生叶对生，具短柄，卵形；中上部茎生叶呈圆形的贯穿叶，直径7~20毫米，上表面绿色，下表面灰绿色。复聚伞花序呈假二叉状分枝，具多花，有叶状苞片；花5朵；花萼钟状；花冠白色或淡黄白色，钟形，裂片整齐，矩圆状匙形，先端钝圆。蒴果内藏，无柄，宽矩圆形，长4~5毫米。种子极多，扁平，黄褐色，近圆形。

生境　喜生于石灰岩山坡较阴湿的岩壁下或石缝中。

分布　两岔河附近的石壁上有分布。

用途　全草入药，能清热解毒、止咳和止痛，用于治疗肺热咳嗽、胃痛、黄疸型肝炎和毒蛇咬伤。

305. 红花龙胆　*Gentiana rhodantha*

形态　多年生草本，高20~50厘米，具短缩根茎。根细条形，黄色。茎直立，单生或数个丛生，常带紫色，上部多分枝。基生叶呈莲座状，椭圆形、倒卵形或卵形，先端急尖，基部楔形，边缘膜质浅波状；茎生叶宽卵形或卵状三角形，先端渐尖或急尖，基部圆形或心形，边缘浅波状，下表面明显，有时被毛，基部连合成短筒抱茎。花单生茎顶，无花梗；花萼膜质，有时微带紫色，萼筒裂片线状披针形；花冠淡红色，上部有紫色纵纹，筒状，上部稍开展，裂片卵形或卵状三角形；雄蕊着生于冠筒下部，花丝丝状。蒴果内藏或仅先端外露，淡褐色，长椭圆形。种子淡褐色，近圆形。

生境　海拔570~1750米的高山灌丛、草地及林下。

分布　云台山有分布。

用途　根及全草入药，能清热利湿、解毒，用于治疗急性黄疸型肝炎、痢疾、小儿肺炎、支气管炎和肺结核；外用治痈疖疮疡及烧烫伤。

306. 深红龙胆 *Gentiana rubicunda*

形态 一年生草本，高8~15厘米。茎直立，紫红色或草黄色，光滑，不分枝或中、上部有少数分枝。叶先端钝或钝圆，基部钝，边缘具乳突，上表面具极细乳突，下表面光滑；叶脉1~3条且细，在叶下表面明显；叶柄背面具乳突，长1~5毫米；基生叶数枚或缺如，卵形或卵状椭圆形，长10~25毫米，宽4~10毫米；茎生叶疏离，常短于节间，卵状椭圆形、矩圆形或倒卵形，长4~22毫米，宽2~7毫米。花数朵，单生于小枝顶端；花梗紫红色或草黄色，光滑，长10~15毫米，裸露；花萼倒锥形，长8~14毫米，萼筒外面常具细乳突，裂片丝状或钻形，长3~6毫米，边缘光滑，基部向萼筒下延成脊，弯缺截形；花冠紫红色，有时冠筒上具黑紫色短而细的条纹和斑点，倒锥形，长2~3厘米，裂片卵形，长3.5~4毫米，先端钝，褶卵形，长2~3毫米，先端钝，边缘啮蚀形或全缘；雄蕊着生于冠筒中部，整齐，花丝丝状，长7~8毫米，花药狭矩圆形，长2.5~3毫米；子房椭圆形，长5~6.5毫米，两端渐狭，柄粗，长7.5~8.5毫米，花柱线形，长1.5~2毫米，柱头2裂，裂片外反，线形。蒴果外露，稀内藏，矩圆形，长7.5~8毫米，先端钝圆，具宽翅，两侧边缘具狭翅，基部钝，柄粗，长约35毫米；种子褐色，有光泽，椭圆形，长1~1.3毫米，表面具细网纹。花果期3~10月。

生境 海拔520~3300米的荒地、路边、溪边、山坡草地、林下、岩边及山沟。

分布 云台山有分布。

用途 全草入药，用于治疗跌打损伤和消化不良。

龙胆科

307. 四数龙胆 *Gentiana lineolata*

形态 多年生草本，高7~10厘米。须根多数，略肉质。主茎粗壮，发达，平卧呈匍匐状，有多数较长分枝。花枝紫红色，中空，近圆形，光滑或具乳突。叶略肉质，椭圆形或卵状椭圆形，先端钝，基部向叶柄下延成狭翅，边缘微外卷，密生乳突；上表面深绿色，下表面淡绿色；茎生叶多对，越向茎上部叶越大、柄越短。花2~4朵簇生枝端呈头状，被包围于最上部的苞叶状的叶丛中；无花梗；花冠蓝色或蓝紫色，檐部具多数深蓝色斑点，筒状钟形，长2.7~3.2厘米，裂片卵状三角形。蒴果外露或仅先端外露，卵状椭圆形，先端急尖，基部钝，柄粗壮。种子黄褐色，有光泽，矩圆形，表面具蜂窝状网隙。

生境 海拔950~2200米的山坡草地、路旁、灌丛中和林下岩石上。

分布 黑冲有分布。

用途 民间草药。

308. 小龙胆 *Gentiana parvula*

形态 一年生草本，高2~3厘米，茎直立，光滑，黄绿色或紫红色，不分枝或在基部有2~3个分枝。叶坚硬，近革质，边缘软骨质；基生叶大，近圆形或宽椭圆形，先端钝或圆形，有短小尖头；茎生叶对折，密集，线状披针形至线形，先端钝圆至渐尖，有小尖头。花数朵，单生于小枝顶端，密集；几乎无花梗，藏于上部叶中；花冠蓝色，宽筒形，裂片卵形或褶卵形。蒴果仅先端外露，倒卵形或矩圆状匙形，先端圆形，具宽翅，两侧边缘具狭翅，基部渐狭，柄粗壮。种子小而极多，褐色，椭圆形，表面具细网纹。

生境 海拔2600~3275米的山坡、林下。

分布 两岔河、黑冲有分布。

用途 全草入药，能清热降火，用于治疗牙痛、咽喉发炎、瘀痛和疔疮等。

133

309. 显脉獐牙菜 *Swertia nervosa*

形态 一年生草本，高30~100厘米。根粗壮，黄褐色。茎直立，四棱形，棱上有宽翅。叶具极短的柄，叶片狭椭圆形至披针形，长1.6~7.5厘米，宽0.4~2.3厘米，越向茎上部叶越小。圆锥状复聚伞花序多花，开展，花4朵；花梗直立；花萼绿色，叶状；花冠黄绿色，中部以上具紫红色网脉，裂片椭圆形，先端钝，具小尖头。蒴果无柄，卵形。种子深褐色，椭圆形，表面泡沫状，长约0.5毫米。

生境 海拔460~2700米的河滩、山坡、疏林下和灌丛中。

分布 黑冲有分布。

用途 全草入药，能清热解毒、活血调经，主治黄疸、潮热、泄泻和月经不调等。

萝藦科 Asclepiadaceae

310. 金雀马尾参 *Ceropegia mairei*

形态 多年生草本。根部丛生，肉质。茎部单独，曲折，近基部无叶，具微毛；茎上部缠绕，下部直立。叶直立展开，椭圆形或椭圆状披针形，顶端急尖或短渐尖；叶面及叶柄具微柔毛，叶背除中脉外无毛，边缘略为反卷。聚伞花序近无梗，少花；花梗具微毛；花冠近圆形，喉部略膨大，裂片舌状长圆形，内面具微毛，与花冠筒等长，长约1.2厘米。

生境 海拔1000~2300米的山地石罅中。

分布 蒋家田有分布。

用途 根入药，可治癞疮。

萝藦科

311. 长叶吊灯花 Ceropegia dollchophylla

形态　根茎肉质，细长丛生。茎柔细，缠绕，长约1米。叶对生，膜质，线状披针形，顶端渐尖。花单生或2~7朵集生；花萼裂片线状披针形；花冠褐红色，裂片顶端粘合。蓇葖果，狭披针形，长约10厘米，直径5毫米。

生境　海拔500~1000米的山地密林中。

分布　云台山有分布。

用途　根入药，可祛风除湿、补虚。

312. 朱砂藤 Cynanchum officinale

形态　藤状灌木。主根圆柱状。叶对生，薄纸质，无毛或背面具微毛，卵形或卵状长圆形，向端部渐尖，基部耳形。聚伞花序腋生，着花约10朵；花冠淡绿色或白色。蓇葖通常仅1枚发育，向端部渐尖，基部狭楔形。种子长圆状卵形，顶端略呈截形；种毛白色绢质。

生境　生长于路边、水边、灌木丛中及疏林下。

分布　黑冲等地有分布。

用途　药用根，可补虚镇痛，用于治疗癫痫、狂犬病和毒蛇咬伤。

313. 牛皮消 Cynanchum auriculatum

形态　蔓性半灌木。宿根呈块状，肥厚；茎被微柔毛。叶对生，膜质，被微毛，宽卵形至卵状长圆形，顶端短渐尖，基部心形。聚伞花序伞房状，着花30朵；花冠白色，辐状，裂片反折，内面具疏柔毛。蓇葖双生，披针形；种子卵状椭圆形。

生境　从低海拔直到海拔3500米高的山坡林缘及路旁灌木丛中或河流、水沟边潮湿地。

分布　两岔河附近有分布。

用途　块根入药，能养阴清热、润肺止咳，治神经衰弱、肾炎及水肿等。

314. 七层楼　*Tylophora floribunda*

形态　多年生缠绕藤本。根须状，黄白色；全株无毛；茎纤细，分枝多。叶卵状披针形，顶端渐尖或急尖，基部心形；叶表面深绿色，叶背面淡绿色，密被小乳头状凸起。聚伞花序广展，腋生或腋外生；花淡紫红色且小，直径约2毫米；花冠辐状，裂片卵形。蓇葖双生，线状披针形，长5厘米，直径4毫米，无毛。种子近卵形，棕褐色，无毛，顶端具白色种毛。

生境　海拔500米以下阳光充足的灌木丛中或疏林中。

分布　黑冲有分布。

用途　根入药，治跌打损伤、关节肿痛和蛇咬伤等。

315. 青蛇藤　*Periploca calophylla*

形态　藤状灌木。幼枝灰白色，干时具纵条纹，老枝黄褐色，密被皮孔；除花外，全株无毛。叶近革质，椭圆状披针形，顶端渐尖，基部楔形；叶表面深绿色，叶背面淡绿色。聚伞花序腋生，长约2厘米，着花达10朵；花冠深紫色，辐状，外面无毛，内面被白色柔毛，花冠筒短，裂片长圆形，中间不加厚，不反折。蓇葖双生，长箸状。种子长圆形，黑褐色，顶端具白色种毛。

生境　海拔1000米以下的山谷杂树林中。

分布　舞阳河畔有分布。

用途　茎入药，用于治疗腰痛、风湿麻木、跌打损伤及蛇咬伤等。

茜草科　Rubiaceae

316. 白毛鸡矢藤　*Paederia pertomentosa*

形态　亚灌木或草质藤本，高约3.5米。茎、枝和叶下表面密被短茸毛；茎圆柱形，被毛，暗禾草色；小枝直径约1毫米；叶纸质，卵状椭圆形或长圆状椭圆形，顶端渐尖，基部浑圆；上表面近榄绿色，有小疏柔毛，在中脉上稍密，下表面密被稍短白色茸毛。花序腋生和顶生，密被稍短柔毛；花5数，花冠裂片张开呈蔷薇状。成

茜草科

熟的果球形，禾草色，有光泽；小坚果半球形，边缘无翅，干后黑色。

生境 生于低海拔或石灰岩山地的矮林内。

分布 云台山有分布。

用途 根入药，用于治疗肺痨；全株入药，用于治疗痈疮肿毒、毒蛇咬伤；叶入药，能消积食、祛风湿。

317. 大叶茜草 *Rubia schumanniana*

形态 草本，通常近直立，高约1米左右。茎和分枝近无毛，平滑或有微小倒刺。叶4片轮生，厚纸质至革质，披针形、长圆状卵形或卵形，有时阔卵形，顶端渐尖或近短尖，基部阔楔形，近钝圆，乃至浅心形。聚伞花序多具分枝，排成圆锥花序，顶生和腋生；花冠白色或绿黄色，干后常变褐色，裂片通常5，近卵形。浆果小，球状，直径约5~7毫米，黑色。

生境 海拔2600~3000米的林中。

分布 舞阳河畔有分布。

用途 用于治疗血热引起的各种出血、便血、尿血、月经过多、肿瘤、经闭、水肿、血崩、跌打损伤、肝炎、痈肿疔毒和蛇咬伤等症。

318. 钩藤 *Uncaria rhynchophylla*

形态 藤本。枝较纤细，无毛，方柱形。叶纸质，椭圆形或椭圆状长圆形，两面均无毛，干时褐色或红褐色，顶端短尖或骤尖，基部楔形至截形。头状花序，单生叶腋，总花梗腋生，具一节，苞片微小，或成单聚伞状排列；花冠管外面无毛，或具疏散的毛，花冠裂片卵圆形，外面无毛或略被粉状短柔毛。小蒴果长5~6毫米，被短柔毛。

生境 山谷溪边的疏林或灌丛中。

分布 杉木河畔有分布。

用途 带钩枝条入药，能清热平肝、熄风止痉，主治小儿惊风、夜啼、热盛动风和肝火头胀痛等。

319. 广州蛇根草 *Ophiorrhiza cantoniensis*

形态 草本或亚灌木，高30~50厘米。茎基部匍地，节上生根，上部直立，通常仅花序和嫩枝被短柔毛，枝干后稍扁，褐色或暗褐色，有时灰褐色。叶片纸质，通常长圆状椭圆形，有时卵状长圆形或长圆状披针形，长12~16厘米，有时较小，顶端渐尖或骤然渐尖，基部楔形或渐狭，很少近圆钝，全缘，通常叶两面无毛或上面散生稀疏短糙毛，有时上表面或两面被很密的糙硬毛，下表面扁。花序顶生，圆锥状或伞房状，通常极多花，疏松，总花梗长2~7厘米，与多个螺状的分枝均被极短的锈色或带红色的柔毛；花二型，花柱异长；长柱花：花梗长0.5~1.5毫米或近无梗，密被短柔毛；花冠白色或微红，干时变黄色或有时变淡红色，近管状，外面近无毛或有时被柔毛，质地稍厚，冠管里面中部有一环白色长柔毛，裂片5，近三角形，顶端内弯呈喙状，背部有阔或稍阔的翅，翅的顶部向上延伸，超出花冠裂片顶端0.3~0.4毫米，里面被鳞片状毛。蒴果僧帽状，近无毛。种子很多，细小而有棱角。

生境 常生于密林下沟谷边。

分布 舞阳河畔等地有分布，贵州南部也有分布。

用途 根茎入药，能清热止咳、镇静安神和消肿止痛，用于治疗劳伤咳嗽、霍乱吐泻、神经衰弱、月经不调和跌打损伤等。

紫葳科 Bignoniaceae

320. 梓 *Catalpa ovata*

形态 乔木，高达15米；树冠伞形，主干通直，嫩枝具稀疏柔毛。叶对生或近于对生，阔卵形，长宽近相等，顶端渐尖，基部心形，常3浅裂，叶片上表面及下表面均粗糙，侧脉4~6对，基部掌状脉5~7条。顶生圆锥花序；花序梗微被疏毛。花萼蕾时圆球形，2唇开裂。花冠钟状，淡黄色。能育雄蕊2，花丝插生于花冠筒上，花药叉开；退化雄蕊3。子房上位，棒状；花柱丝形，柱头2裂。蒴果线形，下垂。种子长椭圆形，两端具有平展的长毛。

生境　多见于海拔500~2500米的村庄附近及公路两旁。

分布　施秉地区有分布。

用途　根皮或树皮入药,有清热利湿、降逆止吐和杀虫止痒的药效,用于治疗湿热黄疸、胃逆呕吐、湿疹和皮肤瘙痒等。

爵床科　Acanthaceae

321. 白接骨　*Asystasiella neesiana*

形态　草本,富粘液,竹节形根状茎;茎高可达1米;略呈4棱形。叶卵形至椭圆状矩圆形,基部下延成柄,叶片纸质,侧脉6~7条,两面凸起。总状花序顶生;花单生或对生;苞片2;花萼裂片5,主花轴和花萼被有柄腺毛;花冠淡紫红色,漏斗状,疏生腺毛,花冠筒细长,裂片5;雄蕊2。蒴果长18~22毫米,上部具4粒种子。

生境　林下或溪边。

分布　云台山有分布,贵州毕节、兴仁和梵净山也有分布。

用途　全草入药,有止血、去瘀和清热解毒等药效,主治吐血、便血、外伤出血、扭伤、疖肿和咽喉肿痛等。

322. 贵州赛爵床　*Calophanoides kouytchensis*

形态　草本,茎下部匍匐,节上生根,茎膝曲膨大。叶顶端长渐尖,近尾尖,基部楔形,下延成柄,全缘,膜质,每边侧脉6~7条,两面被短毛,叶柄具狭翅。1或3出聚伞花序,腋生;苞片具羽脉3条,小苞片钻形。花萼5深裂至基部,萼片披针形;花冠长1.4厘米,白色,2唇形,上唇2浅裂,下唇3浅裂;雄蕊2,着生于花冠喉部,花丝无毛,药室矩圆形;子房及花柱光滑无毛,柱头圆。

生境　河畔潮湿处。

分布　多见于杉木河畔,贵州兴义和安顺等地也有分布。

用途　民间草药。

323. 杜根藤　*Calophanoides quadrifaria*

形态　草本，茎基部匍匐，下部节上生根，近4棱形，在两相对面具沟。叶有柄，叶片矩圆形或披针形，边缘常具有间距的小齿，背面脉上无毛或被微柔毛。花序腋生，两面疏被短柔毛；小苞片线形，无毛；花萼裂片线状披针形。花冠白色，被疏柔毛；上唇直立，2浅裂，下唇3深裂，开展；雄蕊2，花药2室。蒴果及种子无毛，被小瘤。

生境　多生长于海拔850~1600米的地区。

分布　两岔河附近有分布。

用途　全草入药，能清热解毒，用于治疗口舌生疮、时行热毒、丹毒和黄疸等。

324. 爵床　*Rostellularia procumbens*

形态　草本，茎基部匍匐，常有短硬毛，高20~50厘米。叶两面常被短硬毛；叶柄短，被短硬毛。穗状花序顶生或生于上部叶腋；苞片1，小苞片2，均披针形，有缘毛；花萼裂片4，线形，有膜质边缘和缘毛；花冠粉红色，2唇形，下唇3浅裂；雄蕊2；蒴果长约5毫米，上部具4粒种子，种子表面有瘤状皱纹。

生境　山坡林间草丛中，为常见野草。

分布　施秉地区有分布。

用途　全草入药，具有清热解毒、利湿消积和活血止痛等药效，主治感冒发热、咽喉肿痛、湿热泻痢、疟疾、黄疸、浮肿、筋肌疼痛和跌打损伤等。

325. 九头狮子草　*Peristrophe japonica*

形态　草本，高20~50厘米。叶卵状矩圆形。花序顶生或腋生于上部叶腋，常由2~8聚伞花序组成，每个聚伞花序有一大一小2枚卵形总苞状苞片。羽脉明显，其内至少有1花；花萼裂片5，钻形；花冠粉红色至微紫色，长2.5~3厘米，外疏生短柔毛，2唇形，下唇3裂；雄蕊2，花药被长硬毛。蒴果疏生短柔毛，上部具4粒种子，下部实心，种子有小疣状突起。

生境　常见于在低海拔地区的路边、草地或林下。

分布　黑冲等地有分布，贵州毕节、遵义和习水也有分布。

用途 全草入药,有发汗解表、清热解毒和镇痉等药效,用于治疗感冒、咽喉肿痛、白喉、小儿消化不良、小儿高热、痈疖肿毒和毒蛇咬伤等。

苦苣苔科 Gesneriaceae

326. 毛苞半蒴苣苔 *Hemiboea gracilis* var. *pilobracteata*

形态 多年生草本。茎细弱,3~5节,肉质,散生紫揭色斑点。叶对生,叶片稍肉质,偏斜,通常不对称,叶面疏生短柔毛;蠕虫状石细胞少量嵌生于维管束附近组织中;每边侧脉4~6条;叶柄纤细,无毛。聚伞花序假顶生或腋生,具1~3花;花序梗无毛,总苞球形,开放后呈船形;花梗无毛;萼片5,无毛;花冠粉红色,具紫色斑点,外面疏生腺状短柔毛;上唇2浅裂,下唇3浅裂,裂片均为半圆形;花丝狭线形,花药长圆形;花盘环状;雌蕊无毛,子房线形,柱头头状。蒴果线状披针形,无毛。花期8~10月,果期10~11月。

生境 海拔300~1300米的山谷阴湿处石上。

分布 云台山有分布。

用途 民间草药。

327. 半蒴苣苔 *Hemiboea henryi*

形态 多年生草本,高10~40厘米。茎具4~8节,肉质,散生紫斑。叶对生;叶片基部下延,全缘或有波状浅钝齿,稍肉质;皮下散生蠕虫状石细胞;每边侧脉5~7条;叶柄具翅,翅合生成船形。聚伞花序假顶生或腋生;总苞球形,顶端具尖头,开放后呈船形;花梗粗,无毛;萼片5,长圆状披针形,无毛;花冠白色,具紫色斑点,外面疏被腺状短柔毛;上唇2浅裂,下唇3深裂,裂片均为卵圆形;花丝狭

线形，花药长椭圆形，顶端连着；花盘环状；雌蕊无毛，柱头钝，略宽于花柱。蒴果线状披针形，无毛。

　　生境　海拔350~2100米的山谷林下或沟边阴湿处。

　　分布　云台山等地有分布。

　　用途　全草入药，用于治疗喉痛、麻疹和烧烫伤；叶可作蔬食。

328. 柔毛半蒴苣苔　*Hemiboea mollifolia*

　　形态　多年生草本，高16~40厘米。茎具3~5节，被开展的柔毛。叶对生，同一对叶不等大；叶片顶端渐尖，两面遍被柔毛；每边侧脉6~11条；石细胞嵌生于维管束附近的基本组织中；叶柄被开展的柔毛。聚伞花序假顶生或腋生，常具3花；花序梗被开展的柔毛；总苞近球形，开放时呈碗状；花梗疏生柔毛。萼片5，线状倒披针形，顶端圆形。花冠粉红色；上唇2浅裂，下唇3浅裂，裂片均为半圆形。花丝狭线形，花药宽椭圆形，腹面完全相连。花盘环状，雌蕊无毛，柱头截形。蒴果线状披针形，无毛。花期8~10月，果期9~11月。

　　生境　海拔620~900米的山谷石上。

　　分布　云台山及贵州东部有分布。

　　用途　民间草药。

329. 齿叶吊石苣苔　*Lysionotus serratus*

　　形态　亚灌木，常附生。茎高10~100厘米，基部粗达1厘米，无毛。叶3枚轮生或对生；叶片草质，每边侧脉5~10条。花序生茎顶部叶腋，有细长梗，3~15花；花序梗无毛；花梗无毛。花萼5裂达基部，裂片狭长圆形或长椭圆形，有3条明显的纵脉。花冠筒细漏斗状；上唇长2裂，下唇3裂。雄蕊无毛，花丝常扭曲。花盘环状，边缘近全缘。雌蕊无毛。蒴果线形，种子纺锤形。

　　生境　海拔900~2200米的山地林中树上、石上、溪边或高山草地。

　　分布　云台山及贵州西南部有分布。

　　用途　全草入药，有祛风湿、化痰止咳和活血通经等药效，主治风湿痹症、痛经和跌打肿痛等。

苦苣苔科

330. 大花石上莲　*Oreocharis maximowiczii*

形态　多年生无茎草本根状茎短而粗。叶全部基生，有柄；叶片边缘具不规则的细锯齿，上表面密被贴伏短柔毛，下表面密被绢状绵毛，每边侧脉6~7条，在叶下表面稍隆起。聚伞花序2次分枝，2~6条；苞片2，长圆形，密被褐色绢状绵毛。花萼5裂至近基部，裂片长圆形。花冠钟状粗筒形，粉红色或淡紫色。花药宽长圆形且平行。花盘环状，全缘。雌蕊无毛，略伸出花冠外，子房线形，柱头盘状。蒴果倒披针形。花期4月。

生境　海拔210~800米的山坡路旁及林下岩石上。

分布　两岔河、云台山等地有分布。

用途　全草入药，能清肺止咳、散瘀止血，主治肺热咳嗽、咯血、闭经、崩漏和跌打损伤等。

331. 革叶粗筒苣苔　*Briggsia mihieri*

形态　多年生草本。叶片革质，顶端圆钝，基部楔形，边缘具波状牙齿或小牙齿，两面无毛，叶脉不明显；叶柄盾状着生，无毛。聚伞花序2次分枝，腋生；花序梗无毛或被疏柔毛；苞片2，近无毛；花梗细。花萼5裂至近基部，全缘，具3脉。花冠粗筒状；上唇3浅裂。花丝疏被腺状短柔毛，花药卵圆形，药室不汇合。花盘环状，边缘波状。雌蕊被短柔毛，子房狭长圆形，柱头2，长圆形。蒴果倒披针形，近无毛。花期10月，果期11月。

生境 海拔650~1710米的阴湿岩石上。

分布 云台山有分布，模式标本采自贵州平坝。

用途 全草入药，治跌打损伤。

332. 珊瑚苣苔 *Corallodiscus cordatulus*

形态 多年生草本。叶全部基生，莲座状；叶片革质，边缘具细圆齿，上表面平展，有时具不明显的皱褶，侧脉每边约4条，在叶上表面明显，下表面隆起；叶柄下面密被锈色绵毛。聚伞花序2~3次分枝，1~5条，每花序具3~10花；无苞片。花萼5裂至近基部，具3条脉。花冠筒状，淡紫色或紫蓝色；上唇2裂，裂片半圆形，下唇3裂，裂片宽卵形至卵形。雄蕊4，花丝线形，无毛，花药长圆形，药室汇合，基部极叉开；退化雄蕊长约1毫米，花盘高约0.5毫米，雌蕊无毛，子房长圆形，柱头头状，微凹。蒴果线形，长约2厘米。花期6月，果期8月。

生境 海拔1000~2300米的山坡岩石上。

分布 云台山有分布。

用途 全草入药，有健脾、止血和化瘀等药效，用于治疗小儿疳积、跌打损伤和刀伤等。

333. 锈色蛛毛苣苔 *Paraboea rufescens*

形态 多年生草本。根状茎木质化，粗壮；茎极短，密被锈色毡毛。叶对生，密集于茎近顶端；叶片长圆形或狭椭圆形，边缘密生小钝齿。聚伞花序成对腋生，通常具5~10花；花序梗长被锈色毡毛，果期逐渐脱落至近无毛；苞片2，卵形；花梗细。花萼5裂至近基部，裂片相等，线形，花冠狭钟形，淡紫色，稀紫红色，外面无毛，檐部二唇形，上唇2裂，下唇3裂，裂片近相等，近圆形。雄蕊2，具腺状短柔毛，花药大，狭长圆形，顶端相连，退化雄蕊2。雌蕊无毛，子房狭长圆形，柱头1，头状。蒴果线形，褐色，无毛，螺旋状卷曲。

生境 海拔700~1500米的山坡及岩石隙间。

分布 白沙井、两岔河和云台山等地有分布，亦产于贵州南部。

用途 全草入药，主治咳嗽、劳伤和痈疮红肿等症。

苦苣苔科

334. 蛛毛苣苔 *Paraboea sinensis*

形态 小灌木。茎常弯曲，高达30厘米。叶对生，具柄；叶片顶端短尖，边缘生小钝齿或近全缘，叶下表面密被淡褐色毡毛，每边侧脉10~13条，在叶下表面隆起；叶柄被褐色毡毛。聚伞花序伞状，成对腋生；花序梗密被褐色毡毛；苞片2，圆卵形，顶端钝，基部合生，全缘；花梗具短绵毛。花萼5裂至近基部，裂片倒披针状匙形，全缘。花冠紫蓝色，外面无毛；檐部二唇形，上唇2裂，下唇3裂，均近圆形。雄蕊2；雌蕊无毛；子房长圆形；花柱圆柱形，柱头1，头状，无花盘。蒴果线形，螺旋状卷曲。种子狭长圆形。

生境 山坡林下石缝中或陡崖上。

分布 云台山、两岔河有分布。

用途 全草入药，能清热利湿、止咳平喘和凉血止血，治疗痢疾、荨麻、咳嗽、哮喘和外伤出血等。

335. 长冠苣苔 *Rhabdothamnopsis sinensis*

形态 小灌木，茎高15~50厘米，幼枝被短柔毛，老时近无毛。叶对生，具柄；叶片形状变化较大，边缘在中部以上有细牙齿或浅钝齿，两面疏被短柔毛，每边侧脉3~5条，在叶下表面稍隆起；叶柄被较密的短柔毛。单花腋生；苞片1~2，位于花萼之

下，披针形；花梗细，被短柔毛。花萼5裂至近基部，顶端渐尖，全缘。花冠外面被短柔毛；上唇2裂，近圆形，下唇3裂，裂片长圆形。雄蕊2，花丝纤细，无毛，花药狭长圆形，顶端相连，药室2，汇合，基部极叉开。子房狭长圆形，柱头2，舌状。蒴果长圆形，螺旋状卷曲。种子多数，卵形或倒卵形。花期6~7月，果期8月。

生境 海拔1600~2200米的山地林中的石灰岩上。

分布 胜溪有分布。

用途 民间草药。

狸藻科 Lentibulariaceae

336. 挖耳草 *Utricularia bifida*

形态 陆生小草本。假根少数，丝状，基部增厚。匍匐枝少数，丝状，具分枝。叶器生于匍匐枝上，顶端急尖或钝形，膜质，无毛，具1脉。捕虫囊生于叶器及匍匐枝上，球形，侧扁，具柄；上唇具2条钻形附属物，下唇钝形。花序直立，中部以上具1~16朵疏离的花。花序梗圆柱状；苞片与鳞片相似，基部着生，宽卵状长圆形，顶端钝；小苞片线状披针形；花梗丝状，具翅。花萼2裂达基部，上唇稍大，裂片宽卵形，顶端钝，基部下延。花冠黄色，顶端圆形，下唇近圆形，顶端圆形或具2~3浅圆齿，喉凸隆起呈浅囊状；距钻形。雄蕊无毛；花丝线形，上部略膨大；药室于顶端汇合。雌蕊无毛；子房卵球形；花柱短而显著；柱头下唇近圆形，上唇较短，钝形。蒴果宽椭圆球形，背腹扁，果皮膜质，室背开裂。种子多数，卵球形或长球形；种皮无毛，具网状突起，网格纵向延长。

生境 海拔40~1350米的沼泽地、稻田或沟边湿地。

分布 两岔河有分布。

用途 全草入药，有解表退热、止咳和清热解毒等药效，主治感冒发热、咽喉肿痛、吐泻腹痛和热毒疮痈等。

车前科 Plantaginaceae

337. 车前 *Plantago asiatica*

形态 两年生或多年生草本。须根多数，根、茎短，稍粗。叶基生呈莲座状；叶片薄纸质或纸质，基部宽楔形或近圆形，常下延，两面疏生短柔毛；脉5~7条；叶柄基部扩大成鞘，疏生短柔毛。花序3~10个，直立或弓曲上升；花序梗有纵条纹，疏生白色短柔毛；穗状花序细圆柱状；苞片狭卵状三角形或三角状披针形，龙骨突宽厚。花具短梗；龙骨突不延至顶端且较宽，两侧片稍不对称。花冠白色，无毛，冠筒与萼片约等长，裂片狭三角形，具明显的中脉。雄蕊与花柱明显外伸，花药卵状椭圆形，白色，干后变淡褐色。蒴果基部上方开裂。种子具角，背腹面微隆起；子叶背腹向排列。花期4~8月，果期6~9月。

生境　生于草地、沟边、河岸湿地、田边、路旁或村边空旷处。

分布　施秉地区有广泛分布。

用途　全草入药，有利水、清热、明目和祛痰等药效，主治小便不通、黄疸、水肿、鼻衄、目赤肿痛、咳嗽和皮肤溃疡等。

败酱科　Valerianaceae

338. 少蕊败酱　*Patrinia monandra*

形态　二年生或多年生草本；常无地下根茎；茎基部近木质，粗壮。单叶对生，长圆形，不分裂或大头羽状深裂，两面疏被糙毛；叶柄向上部渐短至近无柄。聚伞圆锥花序顶生及腋生，花序梗密被长糙毛；总苞叶线状披针形或披针形，不分裂，顶端尾状渐尖。花小；花萼小，5齿状；花冠漏斗形，淡黄色，裂片稍不等形；雄蕊伸出花冠外，花药长圆形或椭圆形；子房倒卵形，柱头头状或盾状。瘦果卵圆形，不育子室肥厚；果苞薄膜质，近圆形至阔卵形，先端常呈3浅裂，具主脉2条，网脉细而明显。花期8~9月，果期9~10月。

生境　海拔500~2400米的山坡草丛、灌丛、林下、林缘、田野、溪旁和路边。

分布　谢家院、黑冲等地有分布。

用途　全草可入药，用于治疗漆疮、肠胃病、痈肿、毒蛇咬伤和跌打损伤。

339. 败酱 *Patrinia scabiosaefolia*

形态 多年生草本；根状茎横卧或斜生，节处生多数细根。基生叶丛生，开花时枯落，卵形、椭圆形或椭圆状披针形，边缘具粗锯齿，具缘毛；茎生叶对生，常羽状深裂或全裂。花序为聚伞花序组成的大型伞房花序，顶生，具5~7级分枝；总苞线形，甚小；苞片小；花小，萼齿不明显；花冠钟形，基部一侧囊肿不明显，花冠裂片卵形；雄蕊4，稍超出或不超出花冠，花药长圆形；子房椭圆状长圆形，柱头盾状或截头状。瘦果长圆形，具3棱，2不育子室中央稍隆起成槌状，能育子室略扁平，内含1粒椭圆形且扁平种子。花期7~9月。

生境 海拔2600米以下的山坡林下、林缘和灌丛中，以及路边、田边的草丛中。

分布 黑冲等地有分布。

用途 全草入药，可清热解毒、活血排脓，用于治疗肠痈、肺痈、痈肿和痢疾等。

忍冬科 Caprifoliaceae

340. 小叶六道木 *Abelia parvifolia*

形态 落叶灌木或小乔木，高1~4米；枝纤细，多分枝。叶3枚轮生，革质，卵形、狭卵形或披针形，近全缘或具2~3对不明显的浅圆齿，边缘内卷，两面疏被硬毛；叶柄短。具1~2朵花的聚伞花序生于侧枝上部叶腋；萼筒被短柔毛，萼檐2裂，稀3裂；花冠狭钟形，外被短柔毛及腺毛，基部具浅囊，5裂，裂片圆齿形，最上面的裂片面对浅囊；雄蕊4，二强，花药长柱形；花柱细长。果实被短柔毛，冠以2枚宿存萼裂片。花期4~5月，果期8~9月。

生境 海拔240~2000米的林缘、路边、草坡、岩石和山谷等处。

分布 云台山有分布。

用途 茎、叶入药，有祛风、除湿和解毒等药效，主治风湿痹痛、痈疽肿毒。

忍冬科

341. 淡红忍冬 *Lonicera acuminata*

形态 落叶或半常绿藤本，幼枝、叶柄和总花梗通常均被毛。叶薄革质至革质，卵状矩圆形、矩圆状披针形至条状披针形，基部圆至近心形；叶柄长3~5毫米。双花在小枝顶集合成近伞房状花序，单生于小枝上部叶腋；苞片钻形；小苞片顶端钝或圆，有缘毛；萼齿卵形、卵状披针形至狭披针形或有时狭三角形，长为萼筒的2/5~1/4；花冠黄白色而有红晕，漏斗状，唇形，与唇瓣等长或略较长，基部有囊，上唇直立；雄蕊略高出花冠，花丝基部有短糙毛；花柱除顶端外均有糙毛。果实蓝黑色，卵圆形；种子稍扁，有细凹点，两面中部各有1凸起的脊。花期6月，果期10~11月。

生境 山坡和山谷的林中、林间空旷地或灌丛中。

分布 云台山有分布。

用途 花蕾入药，有清热解毒、解表等药效；茎及叶入药，能祛风通络。

342. 忍冬 *Lonicera japonica*

形态 半常绿藤本。叶纸质，基部圆形或近心形，有糙缘毛；叶柄密被短柔毛。总花梗通常单生于小枝上部叶腋；苞片大，叶状；小苞片顶端圆形或截形，有短糙毛和腺毛；萼筒无毛，萼齿顶端尖而有长毛；花冠白色，唇形，冠筒稍长于唇瓣，很少近等长，外被倒生的糙毛和长腺毛。果实圆形，有光泽；种子卵圆形或椭圆形，褐色，中部有1凸起的脊，两侧有浅的横沟纹。果期10~11月。

生境 山坡灌丛或疏林中、乱石堆、山足路旁及村庄篱笆边。

分布 施秉地区有栽培和野生分布。

用途 茎、叶入药，有清热、解毒和通络等药效，主治温病发热、热毒血痢、痈肿疮毒和筋骨疼痛等。

343. 女贞叶忍冬 *Lonicera ligustrina*

形态 常绿或半常绿灌木。叶薄革质，上表面有光泽，中脉稍下陷或低平而不凸出。总花梗极短，具短毛；苞片钻形；杯状小苞外面有疏腺；相邻两萼筒分离，萼齿大小不等，卵形，有缘毛和腺；花冠漏斗状，冠筒基部有囊肿，裂片稍不相等，卵形；花丝伸出。果紫红色，后转黑

149

色，圆形；种子卵圆形或近圆形，淡褐色，光滑。

生境 海拔650~2000米的灌丛或常绿阔叶林中。

分布 黑冲有分布。

用途 花蕾入药，能清热解毒、截疟。

344. 灰毡毛忍冬 *Lonicera macranthoides*

形态 藤本。叶革质，网脉凸起而呈明显蜂窝状；叶柄有薄绒状短糙毛，有时具开展长糙毛。花有香味，双花常密集于小枝梢成圆锥状花序；苞片披针形或条状披针形；小苞片长约为萼筒的一半，有短糙缘毛；萼筒常有蓝或白色的粉，萼齿三角形；花冠白色，后变黄，外被倒短糙伏毛及桔黄色腺毛，唇形，上唇裂片卵形，基部具耳，下唇条状倒披针形，反卷；雄蕊连同花柱均伸出而无毛。果实黑色，常有蓝或白色的粉，圆形。果期10~11月。

生境 海拔500~1800米的山谷溪流旁、山坡以及山顶混交林内或灌丛中。

分布 云台山老虎背有分布。

用途 干燥花蕾入药，有清热解毒、疏散风热的药效，为金银花地方惯用品种之一，又称"山银花"。

345. 云雾忍冬 *Lonicera nubium*

形态 藤本；幼枝、叶柄和花序梗均被开展的黄褐色长刚毛和腺毛。叶硬纸质，上表面中脉及下表面中脉和侧脉均有短刚毛。双花密集于小枝顶成总状或圆锥花序，有细长花序梗；总花梗有短刚毛；苞片披针形，小苞片和萼齿都有短刚缘毛，小苞片卵形或圆卵形，顶端钝；萼筒长约2毫米；花冠白带紫红色，后变黄色，唇形，冠筒长约与唇瓣相等，上唇直立、下唇反曲；雄蕊与花冠等长。果实黑色，圆形；种子卵圆形。花期6~7月，果期10月。

生境 海拔750~1200米的山坡灌丛或山谷疏林中。

分布 云台山有分布。

用途 民间草药。

忍冬科

346. 接骨草 *Sambucus williamsii*

形态 高大草本或半灌木，高1~2米。茎有棱条，髓部白色。羽状复叶；托叶叶状，具蓝色的腺体；小叶2~3对，互生或对生，两侧不等，边缘具细锯齿；顶生小叶卵形或倒卵形，有时与第一对小叶相连。复伞形花序顶生，大而疏散，总花梗基部托以叶状总苞片，分枝3~5出；萼筒杯状，萼齿三角形；花冠白色，仅基部联合，花药黄色或紫色；子房3室，柱头3裂。果实红色，近圆形；核2~3粒，卵形，表面有小疣状突起。花期4~5月，果期8~9月。

生境 海拔300~2600米的山坡、林下、沟边和草丛中，亦有栽种。

分布 云台山等地有分布。

用途 根入药，能祛风消肿、舒筋活络，用于治疗风湿性关节炎和跌打损伤；茎、叶入药，有发汗、利尿和通经活血等药效，主治肾炎水肿。

347. 伞房荚蒾 *Viburnum corymbiflorum*

形态 灌木或小乔木，高达5米；枝和小枝黄白色。叶皮纸质，稀亚革质，叶上表面深绿色且有光泽，侧脉4~6对，连同中脉在叶上表面凹陷，背面凸起；叶柄长约1厘米，初时有疏毛。圆锥花序因主轴缩短成伞房状，疏被簇状短柔毛；花芳香，有长梗；萼筒筒状，无毛或几无毛，常有少数腺体，萼齿狭卵形，顶钝；花冠白色，辐状；花药黄色；柱头头状。果实红色，椭圆形、核倒卵圆形或倒卵状矩圆形，有1条深腹沟。花期4月，果期6~7月。

生境 海拔1000~1800米的山谷、山坡密林或灌丛中湿润地。

分布 杉木河畔有分布。

用途 根、叶外敷可用于治疗痈毒。

348. 少花荚蒾 *Viburnum oliganthum*

形态　常绿灌木或小乔木，高2~6米。当年小枝有凸起的圆形皮孔，二年生小枝灰褐色或黑色，无毛。芽有1对通常宿存的大鳞片。叶稀倒卵形，具长或短的尾突，中脉两面隆起，在叶上表面尤为明显；侧脉5~6对，达叶缘前弯拱而互相网结，在叶上表面略下陷，下面稍显著；叶柄、总花梗、苞片、小苞片和萼均为紫红色。圆锥花序顶生，总花梗长细而扁；苞片和小苞片宿存；萼筒状倒圆锥形，萼齿三角状卵形；花冠白色或淡红色，漏斗状；雄蕊花丝极短，花药紫红色，矩圆形；柱头头状，高出萼齿。果实红色，后转黑色，宽椭圆形；核扁，有1条宽广的深腹沟。花期4~6月，果期6~8月。

生境　海拔1000~2200米的丛林或溪涧旁灌丛中及岩石上。

分布　云台山有分布。

用途　民间草药。

349. 皱叶荚蒾 *Viburnum rhytidophyllum*

形态　常绿灌木或小乔木，高达4米。幼枝、芽、叶背面、叶柄及花序均被厚茸毛；当年小枝粗壮，稍有棱角，二年生小枝红褐色或灰黑色，无毛。叶革质，顶端稍尖或略钝，基部圆形或微心形，全缘或有不明显小齿，叶上表面深绿色有光泽，各脉深凹陷而呈极度皱纹状，叶下表面有凸起网纹；叶柄粗壮，长1.5~4厘米。聚伞花序稠密，总花梗粗壮，花生于第三级辐射枝上，无柄；萼筒筒状钟形，长2~3毫米，萼齿微小；花冠白色，辐状，裂片圆卵形；雄蕊高出花冠，花药宽椭圆形。果实红色，后变黑，宽椭圆形；核宽椭圆形，有2条背沟和3条腹沟。花期4~5月，果期9~10月。

生境　海拔800~2400米的山坡林下或灌丛中。

分布　黑冲有分布。

用途　民间草药。

350. 三叶荚蒾 *Viburnum ternatum*

形态 落叶灌木或小乔木，高可达6米。当年小枝茶褐色，近圆筒形，二年生小枝黑褐色。叶3枚轮生，皮纸质，基部楔形，侧脉6~7对，弧形，在叶下表面明显凸起；叶柄纤细，被簇状短毛；托叶2，披针形，被短毛。复伞形式聚伞花序松散，疏被簇状短毛，无或近无总花梗；萼筒倒圆锥形，无毛，萼齿具缘毛；花冠白色，辐状，略短于冠筒；雄蕊远高出花冠，花丝在蕾中折叠。果实红色，宽椭圆状矩圆形；核扁，长5~6毫米，直径3~4毫米，灰白色。花期6~7月，果熟期9月。

生境 海拔650~1400米的山谷、山坡丛林或灌丛中。

分布 云台山有分布。

用途 民间草药。

川续断科 Dipsacaceae

351. 川续断 *Dipsacus asperoides*

形态 多年生草本，高达2米。主根圆柱形，稍肉质；茎中空，具6~8条棱。基生叶稀疏丛生，叶片琴状羽裂，顶端裂片大，两侧裂片3~4对；叶柄边缘具疏粗锯齿。头状花序球形；总苞片5~7枚，叶状；小苞片倒卵形，先端稍平；小总苞四棱倒卵柱状，每个侧面具两条纵纵沟；花萼四棱，皿状，外面被短毛；花冠管长9~11毫米，基部狭缩成细管，顶端4裂，外面被短柔毛；雄蕊4，明显超出花冠，花药椭圆形，紫色；子房下位，柱头短棒状。瘦果长倒卵柱状，长约4毫米。花期7~9月，果期9~11月。

生境 沟边、草丛、林缘和田野路旁。

分布 黑冲、太平山等地有分布。

用途 根入药，有行血消肿、生肌止痛、强腰膝和安胎等药效。

桔梗科　Campanulaceae

352. 桔梗　*Platycodon grandiflorus*

形态　茎高20~120厘米，通常无毛。叶无柄或有极短的柄，叶片卵形、卵状椭圆形至披针形，下表面常无毛而有白粉，边缘具细锯齿。花单朵顶生，或数朵集成假总状花序，或有花序分枝而集成圆锥花序；花萼筒部被白粉，裂片三角形，稀齿状；花冠蓝色或紫色。蒴果球状，直径约1厘米。花期7~9月。

生境　生于海拔2000米以下的向阳处草丛及灌丛中，少生于林下。

分布　塘头有分布。

用途　根入药，能止咳、祛痰和消炎。

353. 西南风铃草　*Campanula colorata*

形态　多年生草本，根胡萝卜状。茎单生，少2支，高可达60厘米，被开展的硬毛。茎下部的叶有带翅的柄，上面被贴伏刚毛，下表面仅叶脉有刚毛或硬毛。花下垂，顶生于主茎及分枝上，有时组成聚伞花序；花萼筒部倒圆锥状，被粗刚毛，背面仅脉上有刚毛；花冠管状钟形；花柱长不及花冠的2/3，并内藏于花冠筒内。蒴果倒圆锥状。种子矩圆状，稍扁。花期5~9月。

生境　海拔1000~4000米的山坡草地和疏林下。

分布　黑冲等地有分布。

用途　根入药，能祛风除湿、补虚止血，用于治疗风湿痹痛、瘫痪、病后体虚和虚痨咳血等。

354. 狭叶山梗菜　*Lobelia colorata*

形态　多年生草本，高30~100厘米。根状茎短，须根发达，稍肥大。茎圆柱状，不分枝。基生叶幼时被毛，具长柄；茎生叶窄矩圆形至条状披针形，螺旋状排列，顶端钝圆而中脉延伸成突尖，边缘有细密小齿。总状花序顶生，花稀疏；苞片披针形至条形；花梗长4~7毫米，中部以下生小苞片2枚；萼筒半椭圆状，无毛，裂片条形，边缘有腺齿2~4对；花冠紫蓝色或天蓝色，无毛，近二唇形，上唇裂片条形，下唇裂片卵状矩圆形；花丝筒无毛，花药管长约5毫米，下方2枚

桔梗科

花药顶端生笔毛状髯毛。蒴果卵状球形。种子椭圆状,稍扁。花果期9~10。

生境　海拔1000~3000米的沟谷灌丛和潮湿草地上。

分布　黑冲有分布。

用途　全草入药,有祛风止痛、散瘀消肿等药效,用于治疗感冒头痛、腰痛、胃痛和跌打损伤等。

355. 杏叶沙参　*Adenophora hunanensis*

形态　茎高60~120厘米,不分枝。叶片卵圆形,卵形至卵状披针形,基部沿叶柄下延,顶端急尖至渐尖,边缘具疏齿。花序分枝长,几乎平展或弓曲向上,常组成大而疏散的圆锥花序。花梗极短而粗壮;花萼常有或疏或密的白色短毛,筒部倒圆锥状;花冠钟状,裂片三角状卵形;花盘短筒状,顶端被毛或无毛;花柱与花冠近等长。蒴果球状椭圆形,或近于卵状。种子椭圆状,有一条棱,长1~1.5毫米。花期7~9月。

生境　海拔2000米以下的山坡草地和林缘草地。

分布　云台山、黑冲等地有分布。

用途　根入药,具有清热养阴、润肺止咳等药效,用于治疗气管炎、百日咳、虚热喉痹和咯黄稠痰等。

356. 长叶轮钟草　*Campanumoea lancifolia*

形态　直立或蔓性草本,通常无毛。茎可高达3米,中空,平展或下垂。叶对生,偶有3枚轮生,具短柄,顶端渐尖,边缘具细尖齿、锯齿或圆齿。花通常单朵顶生兼腋生,或3朵组成聚伞花序;花萼仅贴生至子房下部,相互间远离,边缘有分枝状细长齿;花冠白色或淡红色,管状钟形,裂片卵形至卵状三角形;雄蕊5~6,花丝与花药等长,花丝基部宽而成片状,其边缘具长毛。浆果球状。种子极多数,呈多角体。花期7~10月。

生境　海拔1500米以下的林中,灌丛中以及草地中。

分布　云台山等地有分布。

用途　根入药,有益气补虚和祛瘀止痛等药效。

菊科　Asteraceae

357. 梵净蓟　*Cirsium fanjingshanense*

形态　多年生草本，高达1米。茎上部分枝，几乎无毛。茎上部叶无柄，基部扩大呈耳状，半抱茎，分裂，边缘具大锯齿或重粗锯齿；向上接头状花序下部的叶长椭圆形或披针形，基部扩大呈耳状，半抱茎；叶两面绿色，无毛。头状花序少数，并不形成明显的伞房花序式排列；总苞宽钟状，无毛；总苞片约6层，覆瓦状排列，向内层渐长；小花花冠长约1.8厘米，细管部长约8毫米，檐部长约1厘米。瘦果未成熟；冠毛污白色，多层，基部连合成环，整体脱落；冠毛刚毛向顶端渐细。花期7月。

生境　山坡草地上。

分布　两岔河等地有分布，亦见于贵州梵净山。

用途　民间草药。

358. 蓟　*Cirsium japonicum*

形态　多年生草本，块根纺锤状或萝卜状，直径达7毫米。茎直立，全部茎枝有条棱。基生叶较大，羽状深裂或几全裂，基部渐狭成翼柄；侧裂片6~12对，自基部向上的叶渐小无柄，基部扩大半抱茎。头状花序直立，少有下垂。总苞钟状；总苞片约6层，覆瓦状排列；内层披针形或线状披针形，长1.5~2厘米，顶端渐尖呈软针刺状。瘦果扁，偏斜楔状倒披针状，顶端斜截形。小花红色或紫色，不等5浅裂，细管部长约9毫米。冠毛浅褐色，多层，基部联合成环；冠毛刚毛长羽毛状，内层向顶端纺锤状扩大或渐细。花果期4~11月。

生境　海拔400~2100米的山坡林中、灌丛、草地、荒地、田间、路旁或溪旁。

分布　施秉地区有分布。

用途　全草入药，可治热性出血；叶可治瘀血，外用治恶疮。

菊科

359. 刺儿菜 *Cirsium setosum*

形态 多年生草本。茎直立,高30~120厘米,上部有分枝,花序分枝无毛或有薄茸毛。叶通常无叶柄,上部茎叶渐小,叶缘有细密的针刺或刺齿;大部分茎叶裂片或锯齿斜三角形,顶端钝。头状花序单生茎端,或在茎枝顶端排成伞房花序。总苞片约6层,覆瓦状排列,向内层渐长,内层及最内层长椭圆形至线形,中外层苞片顶端有长不足0.5毫米的短针刺,内层及最内层渐尖,膜质,短针刺。小花紫红色或白色,细管部细丝状;两性花花冠,细管部细丝状。瘦果淡黄色,且扁,顶端斜截形。冠毛污白色,多层,整体脱落;冠毛刚毛长羽毛状,顶端渐细。花果期5~9月。

生境 海拔170~2650米的丘陵地区的山坡、河旁或荒地、田间。

分布 黑冲、两岔河等地有分布。

用途 全草入药,能凉血止血、祛瘀消肿,用于治疗吐血、尿血、便血、崩漏、外伤出血和痈肿疮毒等。

360. 野茼蒿 *Crassocephalum crepidioides*

形态 直立草本,高20~120厘米,茎有纵条棱,无毛叶膜质,边缘有不规则锯齿或重锯齿,两面无或近无毛;叶柄长2~2.5厘米。数个头状花序在茎端排成伞房状;总苞片1层,线状披针形,具狭膜质边缘,顶端有簇状毛。小花全部管状,两性;花冠红褐色或橙红色,檐部5齿裂;花柱基部呈小球状,被乳头状毛。瘦果狭圆柱

形，赤红色，有肋，被毛；冠毛极多数，白色，绢毛状，易脱落。花期7~12月。

生境 海拔300~1800米的山坡路旁、水边和灌丛中。

分布 两岔河等地有分布。

用途 全草入药，可健脾及消肿，主治消化不良、浮肿等；嫩叶是味美的野菜。

361. 大丽花 *Dahlia pinnata*

形态 多年生草本，有巨大棒状块根。茎直立，多分枝，高1.5~2米。叶1~3回羽状全裂，上部叶有时不分裂，两面无毛。头状花序大，常下垂。总苞片外层约5层，卵状椭圆形，叶质；内层膜质，椭圆状披针形。舌状花1层，常卵形；管状花黄色，有时栽培种全部为舌状花。瘦果长圆形，黑色，扁平，有2个不明显的齿。花期6~12月。

生境 喜凉爽气候，不耐严寒与酷暑，生长适宜温度为10~15℃，忌积水且不耐干旱，喜富含腐殖质的砂壤土，喜光，但阳光过强会影响开花。

分布 施秉地区有栽培。

用途 块根入药，有清热解毒、散瘀止痛等药效，主治肋腺炎、无名肿毒和跌打损伤等。

362. 一年蓬 *Erigeron annuus*

形态 草本，茎粗壮，高30~100厘米，直立，上部有分枝。基部叶于花期枯萎，顶端尖或钝，基部狭成具翅的长柄，边缘具粗齿，长圆状披针形或披针形，最上部叶线形。数个或多数头状花序排列成疏圆锥花序，总苞半球形，总苞片3层，草质，披针形，背面密被腺毛和疏长节毛；外围的雌花舌状，2层，上部被疏微毛，舌片平展，白色；中央的两性花管状，黄色，檐部近倒锥形，裂片无毛。瘦果披针形且扁，被疏贴柔毛，冠毛异形，雌花的冠毛极短，膜片状连成小冠，两性花的冠毛2层。花期6~9月。

生境 路边旷野或山坡荒地。

分布 施秉地区有栽培。

用途 全草入药，可治疟疾。

菊科

363. 马兰　*Kalimeris indica*

形态　根状茎有匍枝，有时具直根。茎直立，高30~70厘米。基部叶在花期枯萎；顶端钝或尖，基部渐狭成具翅的长柄，上部叶小，全缘，基部急狭无柄，全部叶稍薄质，边缘及下表面沿脉有短粗毛，中脉在叶下表面凸起。头状花序单生于枝端，排列成疏伞房状。总苞半球形，总苞片2~3层，覆瓦状排列；外层倒披针形，内层倒披针状矩圆形，上部草质，边缘膜质，有缘毛。花托圆锥形；舌状花1层，15~20个；舌片浅紫色，长达10毫米；管状花长约3.5毫米，管部被短密毛。瘦果倒卵状矩圆形，极扁，褐色，边缘浅色而有厚肋。冠毛长0.1~0.8毫米，弱而易脱落，不等长。花期5~9月，果期8~10月。

生境　喜肥沃土壤，耐旱亦耐涝，生活力强，生于菜园、农田和路旁，为田间常见杂草。

分布　太平山、云台山和黑冲等地有分布。

用途　以全草或根入药，有凉血止血、清热利湿和解毒消肿等药效，主治吐血、血痢、崩漏、创伤出血、黄疸、水肿、咽痛喉痹、痔疮、痈肿和小儿疳积等。

364. 华火绒草　*Leontopodium sinense*

形态　多年生草本。根状茎木质，粗短，常成球茎状。有单个或十余个簇生的花茎，茎直立，高30~70厘米，粗壮，下部木质，全部被白色密茸毛。腋芽常于开花后发育成有密生叶的小枝。下部叶常较短，花期枯萎，常宿存；中部叶长圆状线形，基部狭耳形，无柄。苞叶多数，开展，疏散或有时密集。头状花序7~20个，疏松排列或稍密集。总苞被白色茸毛；总苞片约3层，无毛，褐色。小花异型，有少数雄花，或雌雄异株；雄花花冠漏斗状，有小裂片；雌花花冠丝状，基部稍扩大；冠毛白色，基部稍黄色；雄花冠毛稍粗，有齿或毛状细锯齿；雌花冠毛细丝状，有细锯齿或近全缘；不育的子房无毛。瘦果有乳头状突起。花期7~11月。

生境　海拔2000~3100米的亚高山干旱草地、草甸、沙地灌丛和针叶林中。

分布　黑冲、谢家院等地有分布。

用途　根入药，能清热解毒、消炎止痛，主治扁桃体炎及咽喉炎等。

159

365. 艾纳香 *Blumea balsamifera*

形态 多年生草本或亚灌木。茎粗壮，直立，高1~3米，茎皮有纵条棱，木质部松软，白色，节间长2~6厘米，上表面被柔毛，下表面被密绢状棉毛，中脉在叶下表面凸起，侧脉10~15对，弧状上升，不抵边缘；上部叶长圆状披针形或卵状披针形，基部略尖，侧脉斜上升。头状花序多数，排列成开展具叶的大圆锥花序；花序梗被黄褐色密柔毛；总苞钟形，稍长于花盘；总苞片约6层，草质，外层长圆形，中层线形，内层长于外层4倍；花托蜂窝状，无毛。花黄色，雌花多数，花冠细管状；两性花与雌花等长，花冠管状，裂片卵形，短尖，被短柔毛。瘦果圆柱形，具5条棱，被密柔毛。冠毛红褐色，糙毛状。

生境 海拔600~1000米的林缘、林下和草地上。

分布 云台山有分布。

用途 全草入药，有祛风除湿、温中止泻和活血解毒等药效，主治风寒感冒、头风头痛、风湿痹痛、寒湿泻痢、毒蛇咬伤、跌打伤痛和癣疮等；因其为提取冰片的原料，故有冰片艾之称。

366. 苍耳 *Xanthium sibiricum*

形态 一年生草本，高20~90厘米。根纺锤状。茎直立，少有分枝，下部圆柱形，上部有纵沟，被灰白色糙伏毛。叶三角状卵形或心形，近全缘，或有3~5不明显浅裂，边缘有不规则的粗锯齿，有基出脉3条，侧脉弧形，直达叶缘，脉上密被糙伏毛。雄性的头状花序球形，有或无花序梗，总苞片长圆状披针形，被短柔毛，花托柱状，托片倒披针形，花冠钟形，管部上端有5宽裂片，花药长圆状线形；雌性的头状花序椭圆形，外层总苞片小，被短柔毛，内层总苞片结合成囊状，在瘦果成熟时变坚硬，外面有疏生的具钩状的刺，喙坚硬，锥形，上端略呈镰刀状。瘦果2，倒卵形。花期7~8月，果期9~10月。

生境 生长于平原、丘陵、低山、荒野路边和田边。

分布 施秉地区有分布。

用途 全草入药，具有祛风、散热、除湿和解毒等药效，主治感冒、头风、头晕、目赤、目翳、风温痹痛、拘挛麻木、风癫、疔疮、疥癣、皮肤瘙痒、痔疮和痢疾等。

菊科

367. 齿叶橐吾 *Ligularia dentata*

形态 多年生草本。根多数,肉质粗壮。茎直立,高30~120厘米。丛生叶与茎下部叶具柄,柄粗状,无翅,被白色柔毛,有细棱,基部膨大成鞘;叶片肾形,先端圆形,边缘具整齐的齿,齿间具睫毛,叶下表面近似灰白色,叶脉掌状,主脉5~7,在下表面明显突起;茎中部叶与下部叶同形,上部叶肾形,具膨大的鞘。伞房状或复伞房状花序开展;花序梗长达9厘米;头状花序多数,辐射状;总苞半球形,总苞片8~14,2层,排列紧密,背部隆起,两侧有脊,先端三角状急尖,具长尖头。舌状花黄色,舌片狭长圆形,先端急尖;管状花多数,冠毛红褐色,与花冠等长。瘦果圆柱形,有肋,光滑。花果期7~10月。

生境 海拔650~3200米的山坡、水边、林缘和林中。

分布 两岔河有野生分布,其他地区也有栽培。

用途 根入药,能舒筋活血、散瘀止痛,用于治疗跌打损伤、月经不调和便血。

368. 鹿蹄橐吾 *Ligularia hodgsonii*

形态 多年生草本。根肉质。茎直立,高达100厘米。丛生叶及茎下部叶具柄,柄细瘦,基部具窄鞘;叶片肾形或心状肾形,先端圆形,边缘具三角状齿或圆齿,齿端具软骨质小尖头,齿间具睫毛,叶质厚,两面光滑,叶脉掌状,网脉明显;茎中上部叶少,鞘膨大,叶片肾形。头状花序辐射状,单生至多数,排列成伞房状或复伞房状花序;苞片舟形;小苞片线状钻形,极短;总苞宽钟形,总苞片8~9,2层,背部隆起,两侧有脊,长圆形,先端宽三角形,紫红色,被褐色睫毛。舌状花黄色,舌片长圆形,先端钝,有小齿;管状花多数,伸出总苞之外,冠毛红褐色,与花冠等长。瘦果圆柱形,光滑,具肋。花果期7~10月。

生境 海拔850~2800米的河边、山坡草地及林中。

分布 黑冲有分布。

用途 根及根状茎入药,有活血行瘀、润肺降气和止咳的药效,用于治疗劳伤咳嗽、吐血和跌打损伤;叶入药,可治跌打损伤。

369. 东风菜 *Doellingeria scaber*

形态　根状茎粗壮。茎直立，高100~150厘米。基部叶在花期枯萎，叶片心形，边缘有具小尖头的齿，顶端尖；中部叶较小，卵状三角形，有具翅的短柄；上部叶小，矩圆披针形或条形；全部叶两面被微糙毛，有3~5脉，网脉显明。头状花序圆锥伞房状排列。总苞半球形；总苞片约3层，无毛，边缘宽膜质，有微缘毛，覆瓦状排列。舌状花约10朵，舌片白色，条状矩圆形米；管状花长约5.5毫米，檐部钟状，有线状披针形裂片，管部急狭。瘦果倒卵圆形或椭圆形，一面有2脉，一面有1~2脉，无毛。冠毛污黄白色，有多数微糙毛。花期6~10月，果期8~10月。

生境　山谷坡地、草地和灌丛中。

分布　施秉地区均有分布。

用途　根入药，有清热解毒、祛风止痛及行血活血的药效。

370. 藿香蓟 *Ageratum conyzoides*

形态　一年生草本，高可达1米，无明显主根。茎粗壮，全部茎枝淡红色。叶对生，有时上部互生。中部茎叶卵形、椭圆形或长圆形；自中部茎叶向上、向下及腋生小枝上的叶渐小，有时植株全部叶小形；全部叶基部钝或宽楔形，基出脉3条或不明显，边缘圆锯齿。头状花序4~18个，在茎顶排成紧密的伞房状花序；花序少有排成松散伞房花序式。花梗被尘球短柔毛。总苞钟状或半球形，外面无毛，边缘撕裂。花冠长1.5~2.5毫米，檐部5裂，淡紫色。瘦果黑褐色，5棱，有白色稀疏细柔毛。冠毛膜片5~6个，长圆形；全部冠毛膜片长1.5~3毫米。花果期全年。

生境　生于山谷、山坡林下、林缘、河边、山坡草地和荒地上；低海拔2800米以下的地区都有分布。

分布　云台山、杉木河畔均可见，有栽培，也有归化野生分布。

用途　全草入药，可治感冒发热、疔疮湿疹、外伤出血和烧烫伤等。

162

菊科

371. 菊三七 *Gynura japonica*

形态　高大多年生草本，高60~150厘米。根粗大成块状，有多数纤维状根茎，直立，中空，基部木质，有明显的沟棱，多分枝，小枝斜升。基部叶在花期常枯萎；基部和下部叶较小，椭圆形，不分裂，大头羽状；中部叶大，具柄，叶柄基部有圆形叶耳，抱茎；叶片羽状深裂，顶裂片大，倒卵形、长圆形至长圆状披针形，两面被贴生短毛或近无毛；上部叶较小，羽状分裂，渐变成苞叶。头状花序多数，花于枝端排成伞房状圆锥花序；每一花序枝有3~8个头状花序；花序梗细，被短柔毛，有线形苞片1~3；总苞狭钟状或钟状，基部有线形小苞片9~11；总苞片1层，13个，线状披针形，顶端渐尖，边缘干膜质。小花50~100个，花冠黄色或橙黄色，管部细，裂片卵形；花柱分枝有钻形附器，被乳头状毛。瘦果圆柱形，具10肋。冠毛丰富，白色，绢毛状，易脱落。花果期8~10月。

生境　海拔1200~3000米的山谷、山坡草地、林下或林缘。

分布　通常见于塘头等地，贵州瓮安、兴义、毕节、安顺、大方和贵阳等也有分布。

用途　根入药，有破血散瘀、止血和消肿等药效，主治跌打损伤、创伤出血、吐血和产后血气痛等。

372. 鳢肠 *Eclipta prostrata*

形态　一年生草本。茎直立，高达60厘米，被贴生糙毛。叶长圆状披针形或披针形，边缘有细锯齿，有时仅波状，两面被密硬糙毛。头状花序径6~8毫米，有长2~4厘米的细花序梗；总苞球状钟形，总苞片草质，5~6个排成2层，长圆形或长圆状披针形，外层较内层稍短，背面及边缘被白色短伏毛；外围的雌花2层，舌状，长2~3毫米；中央的两性花多数，花冠管状，白色；花柱分枝钝，有乳头状突起；花托凸，有披针形或线形的托片；托片中部以上有微毛。瘦果暗褐色，雌花的瘦果三棱形，两性花的瘦果扁四棱形，具1~3个细齿，边缘具白色的肋，表面有小瘤状突起，无毛。花期6~9月。

生境　河边、田边或路旁。

分布　两岔河等地有分布。

用途　全草入药，能滋补肝肾、凉血止血，治各种吐血和肠出血等症。

163

373. 毛连菜 *Picris hieracioides*

形态　二年生草本，高16~120厘米。根粗壮。茎直立，上部有伞房状或伞房圆状分枝，有纵沟纹。基生叶于花期枯萎脱落；下部茎叶长椭圆形或宽披针形，基部渐狭成长或短翼柄；中部和上部茎叶披针形或线形，较下部茎叶小，基部半抱茎；最上部茎全缘；全部茎叶两面被亮色的钩状分叉的硬毛。头状花序较多数，在茎枝顶端排成伞房花序或伞房圆锥花序，花序梗细长。总苞圆柱状钟形，总苞片3层，外层线形且短，内层长，线状披针形，边缘白色膜质，先端渐尖；全部总苞片外面被硬毛和短柔毛。舌状小花黄色，冠筒被白色短柔毛。瘦果纺锤形，棕褐色，有纵肋，肋上有横皱纹。冠毛白色，外层糙毛状，内层羽毛状。花果期6~9月。

生境　海拔560~3400米的山坡草地、林下、沟边、田间、撂荒地和沙滩地。

分布　黑冲、谢家院等地有分布。

用途　花序入药，有理肺止咳、化痰平喘和宽胸等药效，主治咳喘、咳嗽痰多、嗳气和饱腹闷胀等。

374. 秋分草 *Rhynchospermum verticillatum*

形态　多年生草本，高25~100厘米。茎坚硬，直立。叶两面被稍稀疏的贴伏短柔毛；基部叶花期脱落；下部的茎叶顶端急尖，有小尖头，具翼叶柄，边缘自中部以上有波状的锯齿；中部茎叶稠密，披针形，有短叶柄；上部叶渐小，全缘或有尖齿。头状花序近总状排列，或单生于叉状分枝顶端或叶腋，有短花序梗。总苞宽钟状或果期半球状；总苞片稍不等长，顶端钝，边缘膜质；外层卵状长椭圆形，中层长椭圆

形，内层狭长椭圆形。雌花2~3层，花冠管部极短，外面被腺点；花冠长2毫米，外面被腺点。雌花瘦果扁，长椭圆形，长4毫米，宽1毫米，喙较长，有脉状加厚的边缘，被棕黄色小腺点；两性花瘦果喙短或无喙。冠毛纤细，易脱落。花果期8~11月。

生境 海拔400~2500米的沟边、水旁、林缘、林下以及杂木林下阴湿处。

分布 黑冲等地有分布。

用途 全草入药，能清湿热、消肿，治湿热带下、急慢性肝炎和肝硬化腹水。

375. 牛蒡 *Arctium lappa*

形态 二年生草本，具粗大的肉质直根，长达15厘米，径可达2厘米，有分枝支根。茎直立，高达2米，粗壮，基部直径达2厘米，有多数高起的条棱。基生叶宽卵形，基部心形，有长达32厘米的叶柄，两面异色，上表面有稀疏的短糙毛及黄色小腺点，下表面被茸毛及黄色小腺点；叶柄灰白色，被稠密的茸毛及黄色小腺点；茎生叶与基生叶同形或近同形。头状花序多数，于茎枝顶端排成疏松的伞房花序或圆锥状伞房花序。总苞卵形或卵球形；总苞片多层，多数，外层三角状或披针状钻形，中内层披针状或线状钻形；全部苞片近等长，顶端有软骨质钩刺。小花紫红色，外面无腺点。瘦果倒长卵形或偏斜倒长卵形，两侧扁，浅褐色，有多数细脉纹。冠毛多层，浅褐色；冠毛不等长，基部不连合成环，分散脱落。花果期6~9月。

生境 海拔750~3500米的山坡、山谷、林缘、林中、灌木丛中、河边潮湿地、村庄路旁及荒地。

分布 施秉地区有分布。

用途 根入药，能清热解毒、疏风利咽，主治风热感冒、疮疖肿痛、咳嗽、咽喉肿痛、脚癣和湿疹等。

376. 秋鼠麴草 *Gnaphalium hypoleucum*

形态 粗壮草本。茎直立，高可达70厘米，基部径约5毫米，基部通常木质，上部有沟纹，节间短，长6~10毫米。下部叶线形，无柄，基部略狭，稍抱茎，顶端渐尖，叶上表面有腺毛，下表面厚，被白色棉毛；叶脉在叶上表面明显，在下表面不明显；中部和上部叶较小。头状花序多数，在枝端密集成伞房花序；总苞球形，总苞片4层，金黄色或黄色，有光泽，膜质或上半部膜质，背面被白色棉毛，内层线形，背面通常无毛。花黄色，雌花多数，花冠

丝状,顶端3齿裂,无毛。两性花较少数,花冠管状,两端向中部渐狭,无毛。瘦果卵形或卵状圆柱形。冠毛绢毛状,粗糙,污黄色,基部分离。花期8~12月。

生境　海拔200~800米的空旷沙土地、山地路旁及山坡。

分布　黑冲、两岔河等地有分布。

用途　全草入药,能祛风止咳、清热利湿,用于治疗感冒、肺热咳嗽和痢疾等。

377. 鼠麴草　*Gnaphalium affine*

形态　一年生草本。茎直立,基部发出的枝下部斜升,高10~40厘米或更高,上部不分枝,有沟纹。叶无柄,匙状倒披针形或倒卵状匙形,基部渐狭,稍下延,顶端圆,具刺尖头,两面被白色棉毛;叶脉1条,在下表面不明显。头状花序在枝顶密集成伞房花序;总苞钟形,总苞片2~3层,金黄色或柠檬黄色,膜质,有光泽,外层倒卵形或匙状倒卵形,背面基部被棉毛,内层长匙形,背面通常无毛;花托中央稍凹入,无毛。雌花多数,花冠细管状,花冠顶端扩大,3齿裂。两性花较少,管状,裂片三角状渐尖,无毛。瘦果倒卵形或倒卵状圆柱形,有乳头状突起。冠毛粗糙,污白色,易脱落,基部联合成2束。花期1~4月,果期8~11月。

生境　常见于低海拔干地、湿润草地和稻田。

分布　施秉地区有分布。

用途　茎与叶入药,有镇咳、祛痰的药效,主治气喘、支气管炎和非传染性溃疡等。

378. 钻叶紫菀　*Aster subulatus*

形态　一年生草本,高25~80cm。茎基部略带红色。叶互生,无柄;基部叶倒披针形;中部叶线状披针形,全缘。头状花序顶生,排成圆锥花序;总苞钟状,总苞片3~4层,线状钻形;舌状花细狭,红色;管状花多数。瘦果略有毛。

生境　喜温喜湿的作物。

分布　溪边等潮湿地有分布。

用途　食用野菜,富含维生素C和无机盐。全草入药,能清热解毒,治痈肿及湿疹。

菊科

379. 茼蒿 *Chrysanthemum coronarium*

形态　茎光滑，高达70厘米。基生叶于花期枯萎；中下部茎叶无柄，二回羽状分裂。头状花序不形成明显的伞房花序，总苞4层。舌状花瘦果有3条突起的狭翅肋；管状花瘦果有1~2条椭圆形突起的肋。花果期6~8月。

生境　喜弱光。

分布　施秉地区有栽培和野生分布。

用途　常用于观赏；茎、叶嫩时可为蔬菜食用，亦可入药。

380. 腺梗豨莶 *Siegesbeckia pubescens*

形态　一年生草本。茎直立，粗壮，高30~110厘米，被开展的灰白色长柔毛和糙毛。基部叶卵状披针形；中部叶卵圆形或卵形，下延成具翼的柄，边缘有粗齿；基出脉3条，侧脉和网脉明显，两面被柔毛。头状花序多生于枝端，排成松散的圆锥花序；花梗密生头状腺毛和长柔毛；总苞宽钟状，总苞片2层，叶质，背面密生具柄腺毛；舌状花花冠管部长1~1.2毫米；两性管状花冠檐钟状，先端4~5裂。瘦果倒卵圆形，4棱。花期5~8月，果期6~10月。

生境　海拔160~3400米的山坡、山谷林缘和灌丛林下的草坪中，也常见于河谷、溪边、河槽潮湿地、旷野和耕地边等处。

分布　黑冲、杉木河畔等地有分布。

用途　全草入药，有祛风湿、利筋骨和降血压等药效，主治四肢麻痹、筋骨疼痛、腰膝无力、高血压病、疔疮肿毒和外伤出血等。

381. 豨莶 *Siegesbeckia orientalis*

形态　一年生草本。茎直立，高约30~100厘米；分枝被灰白色短柔毛，斜升，上部分枝常成复二歧状。基部叶花期枯萎；中部叶三角状卵圆形或卵状披针形，基部阔楔形，下延成具翼的柄，边缘有规则的浅裂或粗齿，纸质，两面被毛，基出脉3条，侧脉及网脉明显；上部叶卵状长圆形。头状花序多数聚生于枝端，排列成具叶的圆锥花序；花梗密生短柔毛；总苞阔钟状，苞片2层，叶质，背面被腺毛；外层苞片5~6枚，开展，内层苞片卵状长圆形或卵圆形。雌花花冠的管部长0.7毫米；两性管状花上部钟状，上端有卵圆形裂片4~5。瘦果倒卵圆形，有4棱，顶端有灰褐色环状突起。花期4~9月，果期6~11月。

生境　海拔110~2700米的山野、荒地、灌丛、林下和田地。

分布　云台山有分布。

用途　全草入药，能解毒镇痛，主治全身酸痛、四肢麻痹和高血压。

382. 向日葵 *Helianthus annuus*

形态　一年生草本，高可达3.5米。茎直立，圆形多棱角，被白色粗硬毛。叶常互生，基出脉3条，边缘具粗锯齿，两面粗糙，被毛。头状花序极大，直径10~30厘米，单生于茎顶或枝端，常下倾。总苞片多层，叶质，覆瓦状排列，被长硬毛；花序边缘生黄色的舌状花，中部为两性的管状花。瘦果倒卵形或卵状长圆形，稍扁，果皮木质化。

生境　喜温暖、耐旱。

分布　施秉地区均有栽培。

用途　葵花盘入药，具有养肝补肾、降压和止痛等药效，用于治疗高血压、肾虚耳鸣、牙痛、胃痛和腹痛等。根、茎入药，可清热利尿、止咳平喘，主治小便涩痛、尿路结石和咳嗽痰喘等。果实入药，具有滋阴、止痢和透疹等药效，用于治疗食欲不振、虚弱头风、血痢、麻疹不透等。叶入药，用于治疗疟疾，外用治烫火伤。

菊科

383. 小蓬草　*Conyza canadensis*

形态　一年生草本，根纺锤状，具纤维状根。茎直立，高50厘米，圆柱状，有条纹，被疏长硬毛。叶密集，基部叶花期常枯萎，下部叶倒披针形，边缘具疏锯齿或全缘，中部叶和上部叶线状披针形或线形，全缘或少有1~2个齿。头状花序多数，排成顶生多分枝的大圆锥花序；花序梗细，总苞近圆柱状；总苞片2~3层，顶端渐尖，外层背面被疏毛，内层边缘干膜质、无毛；花托平；雌花多数，舌状，白色，舌片小，稍超出花盘；两性花淡黄色，花冠管状，上端具4或5个齿裂。瘦果线状披针形，稍扁，被贴微毛。冠毛污白色，糙毛状。花期5~9月。

生境　常生长于旷野、荒地、田边和路旁，为一种常见的杂草。

分布　谢家院等地有分布。

用途　全草入药，能消炎止血、祛风湿，主治血尿、水肿、胆囊炎和小儿头疮等症。

384. 羊耳菊　*Inula cappa*

形态　亚灌木。根状茎粗壮，多分枝。茎直立，高70~200厘米，粗壮，全部被绢状或密茸毛，中部起有分枝。叶较密生；下部叶在花期脱落，留有被棉毛的腋芽；叶较开展；中部叶有长约0.5厘米的柄，上部叶渐小近无柄；全部叶边缘有齿，上表面被基部疣状的密糙毛，沿中脉被较密的毛，下表面被绢状厚茸毛；中脉和10~12对侧脉在叶下表面凸起，网脉明显。头状花序倒卵圆形，多数密集于茎和枝端成聚伞圆锥花序。苞叶线形，总苞近钟形，总苞片约5层，线状披针形，外面被绢状茸毛，边缘的小花舌片短小，中央的小花管状，上部有三角卵圆形裂片；冠毛约与管状花花冠同长。瘦果长圆柱形，长约1.8毫米。花期6~10月，果期8~12月。

生境　生于亚热带和热带的湿润或干燥丘陵、荒地、灌丛和草地，常见于酸性土、砂土和粘土上，海拔500~3200米。

分布　云台山有分布。

用途　全草入药，有除痰定喘、活血调经和治跌打损伤的药效。

泽泻科　Alismataceae

385. 东方泽泻　*Alisma orientale*

形态　多年生水生或沼生草本。块茎直径1~2厘米，或更大。叶多数；挺水叶宽披针形或椭圆形，先端渐尖，叶脉5~7条，叶柄较粗壮，基部渐宽，边缘窄膜质。花葶高35~90厘米，花序长20~70厘米，具3~9轮分枝，每轮分枝3~9枚；花两性；花梗不等长；外轮花被片卵形，边缘窄膜质，具5~7脉，内轮花被片近圆形；心皮排列不整齐，花柱直立；花丝基部宽约0.3毫米，向上渐窄；花托在果期呈凹凸状。瘦果椭圆形，背部具1~2条浅沟，腹部自果喙处凸起，呈膜质翅，两侧果皮纸质，半透明，果喙自腹侧中上部伸出。种子紫红色。花果期5~9月。

生境　海拔2 500米以下的湖泊、水塘、沟渠和沼泽中。

分布　施秉地区有分布。

用途　块茎入药，主治肾炎水肿、肠炎泄泻和小便不利等。

386. 野慈姑　*Sagittaria trifolia*

形态　多年生水生或沼生草本。植株高大，粗壮。叶片宽大、肥厚，裂片先端钝圆。匍匐茎末端膨大呈球茎；球茎卵圆形或球形。圆锥花序高大，长可达80厘米以上，分枝着生于下部，具1~2轮雌花，主轴雌花3~4轮，位于侧枝之上；雄花多轮生于上部，组成大型圆锥花序，果期常斜卧水中；果期花托扁球形。种子褐色，具小凸起。

生境　常见于湖泊、池塘、沼泽、沟渠和水田等。

分布　施秉地区有栽培和野生分布。

用途　球茎可为蔬菜食用，若入药，具有活血凉血、止咳通淋和散结解毒等药效，主治产后血闷、带下、呕血、咳嗽痰血、淋浊、疮肿、目赤肿痛和毒蛇咬伤等。

水鳖科 Hydrocharitaceae

387. 贵州水车前 *Ottelia sinensis*

形态 一年生或多年生沉水草本。根茎短缩。叶基生；叶片绿色透明，全缘，波状；纵脉7条，中脉明显，横脉细；叶柄基部成鞘。花两性；佛焰苞椭圆形，两侧多具翅，有多条纵棱，棱上有疣突；佛焰苞梗长50~70厘米；每佛焰苞内含花3~11朵；萼片3，绿色，披针形；花瓣3，白色，基部黄，先端微凹，具纵褶；雄蕊3，与萼片对生。腺体3枚，白色，与花瓣对生；子房三棱状圆柱形，棱上有疣刺；心皮3枚，侧膜胎座；花柱3；柱头6。果绿色，三棱状圆锥形，具宿存萼。种子多数，圆柱形或纺锤形。花果期6~11月。

生境 池塘、河流及湖泊中。

分布 云台山有分布。

用途 根入药，有润肺止咳、杀蛔虫和消疳的药效。

388. 黑藻 *Hydrilla verticillata*

形态 多年生沉水草本。茎圆柱形，表面具纵向细棱纹，质较脆。休眠芽长卵圆形；苞叶多数，螺旋状紧密排列。叶3~8枚轮生，常具紫红色或黑色小斑点，先端锐尖，边缘锯齿明显；主脉1条，明显，新叶叶色变淡，老叶逐渐死亡。花单性，雌雄同株或异株；雄佛焰苞近球形，表面具明显的纵棱纹，顶端具刺凸；雄花萼片3，白色；花瓣3，反折开展；雄蕊3，花丝纤细，花药线形，2~4室；花粉粒球形，表面具凸起的纹饰；雄花成熟后自佛焰苞内放出，漂浮于水面开花；雌佛焰苞管状；苞内有雌花1朵。果实圆柱形，表面常有2~9个刺状凸起。种子2~6粒，茶褐色，两端尖。植物以休眠芽繁殖为主。花果期5~10月。

生境 生于淡水中，喜阳光充足的环境。在15~30℃的环境中生长良好，越冬不低于4℃。

分布 产杉木河。

用途 民间药用。

菝葜科　Smilacaceae

389. 尖叶菝葜　*Smilax arisanensis*

形态　攀援灌木，具粗短的根状茎。茎长可达10米。叶纸质，先端渐尖或长渐尖，基部圆形，干后常带古铜色；叶柄常扭曲，具狭鞘，一般有卷须，脱落点位于近顶端。伞形花序生于叶腋，或生于苞片腋部；总花梗纤细，比叶柄长3~5倍；花序托不膨大；花绿白色；雄花内、外花被片相似；雄蕊长约为花被片的2/3；雌花比雄花小，内花被片较狭。浆果直径约8毫米，成熟时紫黑色。花期4~5月，果期10~11月。

生境　海拔1500米以下的林中、灌丛下和山谷溪边荫蔽处。

分布　两岔河等地有分布。

用途　民间药用。

390. 马甲菝葜　*Smilax lanceifolia*

形态　攀援灌木。茎长1~2米，枝条具细条纹。叶常纸质，卵状矩圆形、狭椭圆形至披针形，基部圆形或宽楔形，干后暗绿色，中脉在叶上表面稍凹陷，其余主支脉浮凸；叶柄约占全长的1/4~1/5，具狭鞘，一般有卷须，脱落点位于近中部。伞形花序通常单个生于叶腋，具几十朵花，稀两个同生于一个总花梗；总花梗通常短于叶柄，近基部有一关节，在着生点的上方有一枚鳞片（先出叶）；花序托稍膨大，果期近球形；花黄绿色；雄花外花被片长4~5毫米，宽约1毫米，内花被片稍狭；雄蕊与花被片近等长或稍长，花药近矩圆形；雌花比雄花小一半，具6枚退化雄蕊。浆果直径6~7毫米，有1~2粒种子，种子无沟或有时有1~3道纵沟。花期10月至次年3月，果期10月。

生境　海拔600~2000米的林下、灌丛中或山坡阴处。

分布　黑冲有分布。

用途　民间药用。

391. 短梗菝葜 *Smilax scobinicaulis*

形态　攀援状灌木。茎和枝条通常疏生刺或近无刺，较少密生刺；刺针状，长4~5毫米，稍黑色，茎上刺有时较粗短。叶卵形或椭圆状卵形，基部钝或浅心形。总花梗很短。雌花具3枚退化雄蕊。花期5月，果期10月。

生境　海拔600~2000米的林下、灌丛下或山坡阴处。

分布　塘头附近有分布。

用途　根状茎和根入药，可祛风湿，治关节痛。

392. 鞘柄菝葜 *Smilax stans*

形态　落叶灌木或半灌木，高0.3~3米。茎和枝条稍具棱，无刺。叶纸质，卵形、卵状披针形或近圆形，叶下表面稍苍白色或有时有粉尘状物；叶柄向基部渐宽成鞘状，背面有多条纵槽，无卷须，脱落点位于近顶端。总花梗纤细，比叶柄长3~5倍；花序托不膨大；雄花内花被片稍狭；雌花比雄花略小，具6枚退化雄蕊。浆果熟时黑色，具粉霜。花期5~6月，果期10月。

生境　海拔400~3200米的林下、灌丛中或山坡阴处。

分布　黑冲有分布。

用途　根茎入药，可祛风除湿、活血顺气和止痛，主治风湿疼痛、跌打损伤、外伤出血及鱼骨哽喉等。

393. 梵净山菝葜 *Smilax vanchingshanensis*

形态　攀援灌木。茎长可达5米，枝条具纵条纹。叶革质，卵状矩圆形、狭卵形至近披针形，表面稍有光泽；叶柄长1~2厘米，约占全长的1/3~1/5，具狭鞘，有卷须，脱落点位于近中部。伞形花序1~2个生于叶腋，具多数花；总花梗稍长于叶柄，近基部有一关节；花序托膨大，近球形；花黄绿色；雄花外花被片长7~8毫米，宽约1.6毫米；内花被片宽约为外花被片的一半；雄蕊花丝基部合生成柱；雌花比雄花小一半，具6枚退化雄蕊。浆果直径9毫米。花期9~10月。

生境　海拔800~1850米的林下。

分布　两岔河附近有分布。

用途　民间药用。

百合科　Liliaceae

394. 粉条儿菜　*Aletris spicata*

形态　植株具多数须根，根毛局部膨大。叶簇生，纸质，条形，先端渐尖。花葶高40~70厘米，有棱，密生柔毛；总状花序长6~30厘米，疏生多花；苞片2枚，窄条形，位于花梗的基部；花梗极短，有毛；花被黄绿色，外面有柔毛，分裂部分占其1/3~1/2；裂片条状披针形；雄蕊着生于花被裂片的基部，花丝短，花药椭圆形；子房卵形。蒴果倒卵形或矩圆状倒卵形，有棱角，密生柔毛。花期4~5月，果期6~7月。

生境　海拔350~2500米的山坡上、路边、灌丛边或草地上。

分布　黑冲等地有分布。

用途　根入药，能润肺止咳、杀蛔虫和消疳。

395. 玉簪　*Hosta plantaginea*

形态　根状茎粗厚，粗1.5~3厘米。叶卵状心形、卵形或卵圆形，先端近渐尖，基部心形，具6~10对侧脉；叶柄长20~40厘米。花葶高40~80厘米；花的外苞片卵形或披针形；内苞片很小；花单生或2~3朵簇生，芬香；花梗长约1厘米；雄蕊与花被近等长或略短。蒴果圆柱状，有三棱。花果期8~10月。

生境　海拔2200米以下的林下、草坡或岩石边。

分布　施秉各地常见栽培。

用途　花去雄蕊可入药，能利尿、通经，亦可食用。根、叶有小毒，外用治乳腺炎、中耳炎、疮痈肿毒和溃疡等。

396. 南川百合　*Lilium rosthornii*

形态　茎高40~100厘米，无毛。叶散生，中、下部为条状披针形，两面无毛，全缘；上部叶卵形，先端急尖，基部渐狭，中脉明显，两面无毛，全缘。总状花序多达9朵花；苞片宽卵形，先端急尖，基部渐狭；花被片反卷，黄色或黄红色，有紫红色斑点，全缘，蜜腺两边具多数流苏状突起；雄蕊四面张开；花丝长约6~6.5厘米，无毛；子房圆

柱形；花柱长4~4.5厘米，柱头稍膨大。蒴果长矩圆形，棕绿色。

生境 海拔350~900米的山沟、溪边或林下。

分布 云台山有分布。

用途 鳞茎可入药，也可食用。

397. 山麦冬 *Liriope spicata*

形态 植株丛生。根稍粗，近末端处常膨大；根状茎短，木质，具地下走茎。叶先端急尖或钝，基部常包以褐色的叶鞘，具5条脉，中脉明显，边缘具细锯齿。花葶长于或等长于叶，长25~65厘米；总状花序具多数花；花通常簇生于苞片腋内；苞片小，披针形，干膜质；花梗长约4毫米，关节位于中部以上或近顶端；花被片矩圆形或矩圆状披针形，淡紫色或淡蓝色；花药狭矩圆形；子房近球形，花柱稍弯，柱头不明显。种子近球形。花期5~7月，果期8~10月。

生境 海拔50~1400米的山坡、山谷林下、路旁或湿地。

分布 施秉地区广泛分布和栽培。

用途 干燥块根入药，具有养阴生津、润肺清心的药效，用于治疗肺燥干咳、虚劳咳嗽、津伤口渴和心烦失眠等。

398. 球药隔重楼 *Paris fargesii*

形态 植株高50~100厘米；根状茎直径粗达1~2厘米。叶宽卵圆形，先端短尖，基部略呈心形；叶柄长2~4厘米。花梗长20~40厘米；外轮花被片通常5枚，卵状披针形，先端具长尾尖，基部变狭成短柄；内轮花被片长1~1.5厘米；雄蕊8，花药短条形，稍长于花丝，药隔突出部分圆头状，肉质，呈紫褐色。花期5月。

生境 海拔550~2100米的林下或阴湿处。

分布 黑冲有分布。

用途 根状茎入药，具有清热解毒、消肿止痛和平喘止咳等药效。

399. 七叶一枝花　*Paris polyphylla*

形态　植株高35~100厘米，无毛；根状茎粗厚，密生多数环节和许多须根。茎通常带紫红色，基部有灰白色干膜质的鞘1~3枚。叶矩圆形、椭圆形或倒卵状披针形；叶柄明显，带紫红色。外轮花被片绿色，狭卵状披针形；内轮花被片狭条形，通常比外轮长；雄蕊8~12，花药较短，长5~8毫米；子房近球形，具棱，顶端具一盘状花柱基，花柱粗短，具4~5分枝。蒴果紫色，3~6瓣。种子多数，具鲜红色多浆汁的外种皮。

生境　生于海拔1800~3200米的林下。

分布　黑冲有分布。

用途　根状茎入药，能清热解毒、消肿止痛，用于治疗胃痛、阑尾炎、扁桃体炎、腮腺炎、毒蛇毒虫咬伤和疮疡肿毒等。

400. 多花黄精　*Polygonatum cyrtonema*

形态　根状茎肥厚，通常连珠状或结节成块。茎高50~100厘米，通常具10~15枚叶。叶互生，先端尖至渐尖。花序伞形，总花梗长1~4厘米；苞片微小或不存在；花被黄绿色，裂片长约3毫米；花丝两侧扁或稍扁，具乳头状突起至具短绵毛，顶端稍膨大乃至具囊状突起；子房长3~6毫米，花柱长12~15毫米。浆果黑色，具3~9粒种子。花期5~6月，果期8~10月。

生境　海拔500~2100米的林下、灌丛或山坡阴处。

分布　黑冲有分布。

用途　干燥根茎入药，具有补气养阴、健脾、润肺和益肾等药效，用于治疗脾胃虚弱、体倦乏力和肺虚燥咳等。

401. 玉竹　*lygonatum odoratum*

形态　根状茎圆柱形，直径5~14毫米。茎高20~50厘米，具7~12叶。叶互生，椭圆形至卵状矩圆形，先端尖，下表面带灰白色。花序具1~4朵花，栽培时可多至8朵，无苞片或有条状披针形苞片；花被黄绿色至白色，花被筒较直；花丝丝状，近平滑至具乳头状突起；子房长3~4毫米，花柱长10~14毫米。浆果蓝黑色，具7~9粒种子。花期5~6月，果期7~9月。

生境　海拔500~3000米的林下或山野阴坡。

分布　黑冲有分布。

用途　根茎入药，能养阴润燥、生津止渴，用于治疗咽干口渴、内热消渴、燥热咳嗽和肺胃阴伤等。

百合科

402. 藜芦　*Veratrum nigrum*

形态　植株高可达1米，通常粗壮，基部的鞘枯死后残留为黑色纤维网。叶椭圆形、宽卵状椭圆形或卵状披针形，薄草质，先端锐尖或渐尖，两面无毛。圆锥花序密生黑紫色花；侧生总状花序近直立伸展，通常具雄花；顶生总状花序，几乎全部着生两性花；总轴和枝轴密生白色绵状毛；小苞片披针形，边缘和背面有毛；侧生花序花梗长约5毫米，密生绵状毛；花被片矩圆形，长5~8毫米，宽约3毫米，先端钝或浑圆，基部略收狭，全缘；雄蕊长为花被片的1/2；子房无毛。蒴果。花果期7~9月。

生境　海拔1200~3300米的山坡林下或草丛中。

分布　胜溪、下坝有分布。

用途　全草入药，有祛痰、催吐和杀虫等药效，用于治疗中风痰壅、癫痫、疟疾及骨折，外用可治疥癣等。

403. 短蕊万寿竹　*Disporum brachystemon*

形态　根状茎短；根较细而质硬。茎高25~60厘米。叶纸质或厚纸质，椭圆形至卵形，下表面脉上和边缘稍粗糙。伞形花序有花2~6朵，通常生于茎和分枝的顶端；花梗下弯，有棱和乳头状突起；花被片绿黄色，有棕色腺点和微毛，边缘有乳头状突起；雄蕊内藏；子房倒卵形；柱头3裂，扁平，有乳头状突起。浆果；种子褐色，直径2~3毫米。

生境　海拔2800~3000米的灌丛中或林下。

分布　黑冲有分布。

用途　根入药，具有养阴润肺、止咳和止血等药效，用于治疗阴虚咳嗽、痰中带血。

404. 万寿竹 *Disporum cantoniense*

形态 根状茎横出，质地硬，呈结节状，根肉质。茎高可达1.5米，直径约1厘米，上部有较多的叉状分枝。叶纸质，有明显的3~7脉，下表面脉上和边缘有乳头状突起，叶柄短。伞形花序有花3~10朵；花梗稍粗糙；花紫色；花被片斜出，倒披针形，先端尖，边缘有乳头状突起；雄蕊内藏；子房长约3毫米。浆果直径8~10毫米。种子暗棕色。花期5~7月，果期8~10月。

生境 海拔700~3000米的灌丛中或林下。

分布 两岔河、黑冲等地有分布。

用途 根状茎入药，有益气补肾、润肺止咳等药效。

405. 吉祥草 *Reineckia carnea*

形态 茎粗2~3毫米，蔓延于地面，逐年向前延长，每节上有一残存叶鞘，两叶簇间可相距几厘米至十余厘米。叶每簇有3~8枚，条形至披针形，先端渐尖，向下渐狭成柄，深绿色。花葶长5~15厘米；穗状花序长2~6.5厘米，上部的花有时仅具雄蕊；花芳香，粉红色；裂片矩圆形，稍肉质；雄蕊短于花柱，花药近矩圆形，两端微凹；子房长3毫米，花柱丝状。浆果直径6~10毫米，熟时为鲜红色。

生境 海拔170~3200米的阴湿山坡、山谷或密林下。

分布 两岔河有分布。

用途 全草入药，能润肺止咳、清热利湿。

石蒜科　Amaryllidaceae

406. 忽地笑 *Lycoris aurea*

形态 鳞茎卵形，直径约5厘米。秋季出叶，叶剑形，长约60厘米，宽约1.7厘米。花茎高约60厘米；总苞2枚，披针形，长约3.5厘米，宽约0.8厘米；伞形花序有花4~8朵；花黄色；花被裂片背面具淡绿色中肋，倒披针形，强度反卷和皱缩；雄蕊略伸出于花被外，比花被长1/6左右，花丝黄色；花柱上部玫瑰红色。蒴果具三棱，室背开裂；种子少数，近球形，黑色。花期8~9月，果期10月。

生境 生于阴湿山坡，或见于庭园栽培。

分布 两岔河有野生分布。

用途 本种鳞茎可提取加兰他敏，可用于治疗小儿麻痹症。

407. 石蒜 *Lycoris radiata*

形态 鳞茎近球形，直径1~3厘米。秋季出叶，叶狭带状，长约15厘米，中间有粉绿色带。花茎高约30厘米；总苞片2枚；伞形花序有花4~7朵，花鲜红色；花被裂片狭倒披针形，强度皱缩和反卷；雄蕊显著伸出于花被外，比花被长一倍左右。花期8~9月，果期10月。

生境 生于阴湿山坡和溪沟边的石缝处。

分布 谢家院有分布。

用途 鳞茎含有石蒜碱、多花水仙碱及加兰他敏等，其中石蒜碱具抗癌活性，并能抗炎、解热、镇静及催吐，加兰他敏可治疗小儿麻痹症。

408. 韭莲 *Zephyranthes grandiflora*

形态 多年生草本。鳞茎卵球形。基生叶常数枚簇生，线形，扁平。花单生于花茎顶端，下有佛焰苞状总苞，总苞片常带淡紫红色，下部合生成管；花玫瑰红色或粉红；花被裂片6，裂片倒卵形，顶端略尖；雄蕊6，长约为花被的2/3~4/5，花药丁字形着生；子房下位，胚珠多数，花柱细长，柱头深3裂。蒴果近球形，种子黑色。

生境 向阳、温暖及避风的场所。

分布 施秉地区多栽培。

用途 全草入药，能活血凉血、解毒消肿，用于治疗吐血、便血、崩漏、跌伤红肿、疮痈红肿和毒蛇咬伤。

薯蓣科 Dioscoreaceae

409. 黄独 *Dioscorea bulbifera*

形态 缠绕草质藤本。块茎卵圆形或梨形，通常单生，很少分枝，外皮棕黑色，表面密生须根。茎左旋，光滑无毛。叶腋紫棕色，大小不一，表面有圆形斑点；单叶互生，叶片顶端尾状渐尖，两面无毛。雄花序穗状，下垂，常数个丛生于叶腋；雄花单生，密集，基部有卵形苞片2枚；花被片披针形；雄蕊6枚，着生于花被基部。雌花序与雄花序相似，常数个丛生于叶腋。蒴果反折下垂，三棱状长圆形，两端浑圆，成熟时草黄色，表面密被紫色小斑点，无毛。种子深褐色，扁卵形，通常两两着生于每室中

轴顶部，种翅栗褐色。花期7~10月，果期8~11月。

  生境 既喜阴，又需阳光充足，多生于海拔2000米以下的河谷边、山谷阴沟或杂木林边缘。

  分布 黑冲、谢家院等地有分布。

  用途 块根入药，具有解毒消肿、化痰散结和凉血止血等药效，用于治疗咽喉肿痛、吐血、咯血、百日咳和癌肿，外用治疮疖。

410. 高山薯蓣 *Dioscorea henryi*

  形态 缠绕草质藤本。块茎长圆柱形，垂直生长。掌状复叶有3~5小叶；叶片长2.5~16厘米，宽1~10厘米，顶端渐尖或锐尖，全缘。雄花序为总状花序，单一或分枝，数个着生于叶腋；花序轴、花梗有短柔毛；小苞片宽卵形，边缘不整齐，外面疏生短柔毛或近无毛；雄花花被片外面无毛；3个雄蕊与3个不育雄蕊互生；雌花序为穗状花序，1~3个着生于叶腋；花序轴、小苞片、子房及花被片外面均有短柔毛，子房尤密。蒴果三棱状倒卵长圆形或三棱状长圆形，外面疏生柔毛。种子着生于每室中轴顶部，种翅向蒴果基部延伸。

  生境 生于林边、山坡路旁或次生灌丛中。

  分布 黑冲有分布。

  用途 民间药用。

411. 薯蓣 *Dioscorea opposita*

  形态 缠绕草质藤本。块茎长圆柱形，垂直生长，长可达1米。茎通常带紫红色，无毛。单叶，在茎下部互生，中部以上的对生，稀3叶轮生；叶片变异大，顶端渐尖，基部深心形、宽心形或近截形，边缘常3浅裂至3深裂；幼苗时其叶片一般为宽卵形或卵圆形，基部深心形；叶腋内常有珠芽。雌雄异株。雄花序为穗状花序，近直立，2~8个着生于叶腋，偶而呈圆锥状；花序轴明显呈"之"字状曲折；苞片和花被片有紫褐色斑点；雄蕊6；雌花序为穗状花序，1~3个着生于叶腋。蒴果不反折，三棱状扁圆形或三棱状圆形，外面有白粉。种子着生于每室中轴中部，四周有膜质翅。花期6~9月，果期7~11月。

  生境 山坡、山谷林下、溪边和路旁的灌丛中及杂草中，也有栽培。

  分布 赖洞坝、太平山等地有分布。

  用途 块茎入药为淮山药，具有强壮、祛痰和除湿等药效，也可食用。

鸢尾科　Iridaceae

412. 蝴蝶花　*Iris japonica*

形态　多年生草本。直立的根状茎扁圆形，具多数较短的节间，横走的根状茎节间较长；须根生于根状茎的节上，分枝多。叶基生，有光泽，近地面处剑形，无明显的中脉。花茎直立，顶生稀疏总状聚伞花序；苞片叶状，3~5枚，包含2~4朵花；花梗伸出苞片之外；花被顶端微凹，边缘波状，有细齿裂，中脉上有隆起的黄色鸡冠状附属物，内花被裂片椭圆形或狭倒卵形，顶端微凹，边缘有细齿裂；花药长椭圆形，白色；花柱分枝比内花被裂片略短，中肋处淡蓝色，子房纺锤形。蒴果椭圆状柱形，基部钝，无喙，具6条明显纵肋；种子黑褐色。花期3~4月，果期5~6月。

生境　生于山坡阴湿的草地、林下或林缘草地。

分布　施秉地区均有栽培，也有野生分布。

用途　全草入药，能消肿止痛、清热解毒，用于治疗肝肿大、肝痛、胃痛、咽喉肿痛和便血等。

灯心草科　Juncaceae

413. 翅茎灯心草　*Juncus alatus*

形态　多年生草本，高11~48厘米。根状茎短而横走，具细弱须根。茎丛生，直立，扁平，两侧有狭翅。基生叶多枚，茎生叶1~2枚；叶片扁平，线形，顶端尖锐；叶鞘两侧扁，边缘膜质，松弛抱茎。花序由4~27个头状花序排列成聚伞状，花序分枝常有3个，花序长3~12厘米；叶状总苞片长2~9厘米；头状花序扁平，有3~7朵花，具2~3枚膜质苞片，顶端急尖；小苞片卵形；花被片披针形，顶端渐尖，边缘膜质，外轮花被片背脊明显，内轮花被片稍长；雄蕊6枚；花药长圆形，黄色；花丝基部扁平；子房椭圆形，1室；花柱短，柱头3分叉。蒴果三棱状圆柱形，顶端具短钝的突尖，淡黄褐色。种子椭圆形，黄褐色，具纵条纹。花期4~7月，果期5~10月。

生境　海拔400~2300米的水边、田边、湿草地和山坡林下阴湿处。

分布　黑冲附近有分布。

用途　全草入药，具有清心降火、利尿通淋等药效。

414. 灯心草　*Juncus effusus*

形态　多年生草本，高达91厘米或更高。根状茎粗壮横走，具须根。茎丛生，直立，圆柱型，具纵条纹，茎内充满白色的髓心。叶全部为低出叶，包围在茎的基部，基部红褐色至黑褐色；叶片退化为刺芒状。聚伞花序含多花；总苞片圆柱形，生于顶端，似茎的延伸，直立；小苞片2枚，宽卵形，膜质；花被片线状披针形，背脊增厚突出，边缘膜质，外轮花被片稍长于内轮花被片；雄蕊3，稀6，长约为花被片的2/3；花药长圆形，黄色，稍短于花丝；雌蕊具3室子房；花柱极短；柱头3分叉。蒴果长圆形或卵形，顶端钝或微凹，黄褐色。种子卵状长圆形。花期4~7月，果期6~9月。

生境　海拔1650~3400米的河边、池旁、水沟、稻田旁、草地及沼泽等。

分布　黑冲等地有分布。

用途　茎髓入药，有利尿、清凉和镇静的药效。

鸭跖草科　Commelinaceae

415. 鸭跖草　*Commelina communis*

形态　一年生披散草本。茎匍匐生根，多分枝，长可达1米。叶披针形至卵状披针形。总苞片佛焰苞状，与叶对生，折叠状，展开后为心形，边缘常有硬毛。聚伞花序，下面一枝仅有花1朵，不孕；上面一枝具花3~4朵，具短梗，几乎不伸出佛焰苞。花梗果期弯曲；萼片膜质，内面2枚常靠近或合生；花瓣深蓝色，内面2枚具爪，长近1厘米。蒴果椭圆形，2室，种子4粒。种子长2~3毫米，棕黄色，一端平截，有不规则窝孔。

生境　常见于湿地。

分布　黑冲、两岔河及塘头等多地有分布。

用途　全草入药，能清热解毒、利水消肿，用于风湿感冒、热病发热、咽喉肿痛、痈肿疔毒和水肿等。

416. 杜若　*Pollia japonica*

形态　多年生草本，根状茎长而横走。茎粗壮，不分枝，高30~80厘米，被短柔毛。叶鞘无毛；叶片长椭圆形，长10~30厘米，宽3~7厘米，近无毛，上表面粗糙。蝎尾状聚伞花序，常多个成轮排列，一般集成圆锥花序；

花序总梗长15~30厘米,花序远远伸出叶外,各级花序轴和花梗被相当密的钩状毛;总苞片披针形;萼片3枚,宿存;花瓣白色,倒卵状匙形;雄蕊6枚,全育。果球状,果皮黑色,直径约5毫米,每室有种子数粒。种子灰色带紫色。花期7~9月,果期9~10月。

生境 海拔1200米以下的山谷林下,云台山有野生分布。

分布 贵州梵净山、凯里、榕江、独山和兴仁等地有分布。

用途 全草入药,治蛇、虫咬伤。

417. 竹叶子 *Streptolirion volubile*

形态 多年生攀援草本。茎长0.5~6米,常无毛。叶柄长3~10厘米,叶片长5~15厘米,宽3~15厘米,顶端常尾尖,基部深心形。蝎尾状聚伞花序,集成圆锥状,圆锥花序下面的总苞片叶状。花无梗;萼片顶端急尖;花瓣线形,略比萼长。蒴果长约4~7毫米,顶端有芒状突尖。种子褐灰色,长约2.5毫米。花期7~8月,果期9~10月。

生境 海拔2000米以下的山地。

分布 贵州全境有分布,在施秉地区可见于黑冲、塘头等地。

用途 全草入药,具有清热、利水、解毒和化瘀等药效,用于治疗感冒发热、肺痨咳嗽、口渴心烦、咽喉疼痛、痈疮肿毒和跌打劳伤等。

禾本科 Poaceae

418. 薏苡 *Coix lacryma~jobi*

形态 一年生粗壮草本,须根黄白色,海绵质。秆直立丛生,高1~2米,具十余节,节多分枝。叶鞘短于其节间,无毛;叶舌干膜质;叶片扁平宽大,开展,中脉粗厚,在叶下表面隆起,边缘粗糙,常无毛。总状花序腋生成束,直立或下垂,具长梗。雌小穗位于花序下部,外面包以骨质念珠状总苞,总苞卵圆形,坚硬,有光泽;第一颖卵圆形,具10脉,包围着第二颖及第一外稃;第二外稃短于颖,具3脉,第二内稃较小;雌蕊具细长柱头。颖果小,常不饱满。雄小穗2~3对,着生于总状花序上部;第一颖草

质,边缘内折成脊,具有不等宽的翼,具多数脉,第二颖舟形;外稃与内稃膜质;花药桔黄色。花果期6~12月。

生境 海拔200~2000米湿润的屋旁、池塘、河沟、山谷、溪涧及农田,野生或栽培。

分布 施秉地区有种植和野生分布。

用途 种仁入药,能利湿健脾、舒筋除痹、清热排脓,用于治疗水肿、风湿痹痛、筋脉拘挛、肺痈、肠痈和扁平疣等。

419. 牛筋草 *Eleusine indica*

形态 一年生草本。根系极发达,秆丛生。叶鞘两侧扁而具脊;叶舌长约1毫米;叶片平展,线形。穗状花序2~7个指状着生于秆顶;小穗含3~6小花;颖披针形,具脊,第一颖长1.5~2毫米,第二颖长2~3毫米;第一外稃卵形,膜质,具有狭翼的脊,内稃短于外稃,具2个具狭翼脊。囊果卵形,基部下凹,具明显的波状皱纹,具5脉。花果期6~10月。

生境 荒地及道路旁。

分布 施秉地区广泛分布。

用途 全草入药,可清热利湿,治伤暑发热、黄疸、痢疾及淋病,并能防治乙脑。

420. 小颖羊茅 *Festuca parvigluma*

形态 多年生草本,有细短根茎。秆细弱,平滑,高30~80厘米,具2~3节。叶鞘常短于节间;叶舌干膜质;叶片扁平,基部耳状突起;叶横切面具维管束15~23,无泡状细胞。圆锥花序疏松柔软,长10~20厘米,分枝基部孪生,边缘粗糙,中部以下裸露,其上着生小枝与小穗;小穗轴微粗糙,节间长约0.8毫米,小穗淡绿色,含3~5小花;颖片卵圆形,背部平滑,边缘膜质;第一外稃长6~7毫米,内、外稃近等长,脊平滑;花药长约1毫米;子房顶端具短毛。花果期4~7月。

生境 海拔1000~3700米的山坡草地、林下、河边草丛、灌丛和路旁等处。

分布 蒋家田等地有分布。

用途 民间草药。

421. 白顶早熟禾 *Poa acroleuca*

形态 一年生或二年生草本。秆直立,高30~50厘米,具3~4节。叶鞘闭合,顶生叶鞘短于其叶片;叶舌膜质,长0.5~1毫米;叶片质地柔软,平滑或上表面微粗糙。圆锥花序金字塔形;分枝2~5枚着生于各节,细弱,微糙涩;小穗卵圆形,含2~4小花;颖披针形,质薄,具狭膜质边缘,脊上部微粗糙,第一颖长1.5~2毫米,第二颖长2~2.5毫米;外稃长圆形具膜质边缘,脊与边脉中部以下具长柔毛,间脉稍明显,第一外稃长2~3毫米,内稃较短于外稃,脊具细长柔毛。颖果纺锤形。

生境 海拔500~1500 (~2400)米的沟边阴湿草地。

分布 施秉地区有分布。

用途 可做饲料。

422. 早熟禾 *Poa annua*

形态 一年生或冬性禾草。秆质软,高6~30厘米,全体平滑无毛。叶鞘稍扁,中部以下闭合;叶舌圆头;叶片扁平或对折,常有横脉纹,顶端急尖呈船形。圆锥花序宽卵形,开展;分枝1~3枚着生于各节,平滑;小穗卵形,含3~5枚小花;颖质薄,具宽膜质边缘;第一颖披针形,具1脉,第二颖具3脉;外稃卵圆形,顶端与边缘宽膜质,具明显5脉,第一外稃长3~4毫米,内稃与外稃近等长,两脊密生丝状毛;花药黄色。颖果纺锤形。花期4~5月,果期6~7月。

生境 海拔100~4800米的平原和丘陵的路旁草地、田野水沟或阴湿地。

分布 施秉地区广泛分布。

用途 可做饲料;全草入药,可用于降血糖。

423. 高粱 *Sorghum bicolor*

形态 一年生草本。秆粗壮直立,高3~5米,直径2~5厘米,基部节上具支撑根。叶鞘无毛或稍有白粉;叶舌硬膜质,边缘有纤毛;叶片线形至线状披针形,长40~70厘米,宽3~8厘米,两面无毛,边缘软骨质,中脉较宽。圆锥花序疏松,总梗直立或微弯曲;主轴具纵棱,疏生细柔毛,分枝3~7枚轮生;总状花序具3~6节;无柄小穗倒卵形

或倒卵状椭圆形,有髯毛;两颖均革质,第一颖背部圆凸,具12~16脉,顶端尖或具3小齿,第二颖7~9脉,背部圆凸,略呈舟形;外稃透明膜质,第一外稃披针形,第二外稃具2~4脉,顶端稍2裂。雄蕊3枚;子房倒卵形;花柱分离,柱头帚状。颖果两面平凸,顶端微外露。有柄小穗的柄长约2.5毫米,小穗长3~5毫米,雄性或中性,宿存。花果期6~9月。

生境 喜温、喜光,高粱原产热带,是喜温作物,并有一定的耐高温特性。

分布 施秉地区有广泛栽培。

用途 种子入药,能健脾止泻、化痰安神,用于治疗脾虚泄泻、霍乱、消化不良、痰湿咳嗽和失眠多梦等。高粱籽粒加工后即成为高粱米,可制淀粉、制糖、酿酒和制酒精等。

424. 狗牙根 *Cynodon dactylon*

形态 低矮草本,具根茎。秆细而坚韧,节上常生不定根,直立部分高10~30厘米,秆壁厚,光滑无毛。叶鞘微具脊,鞘口常具柔毛;叶舌仅为一轮纤毛;叶片线形,通常两面无毛。穗状花序3~5枚,长2~6厘米;小穗仅含1小花;颖长1.5~2毫米,第二颖稍长,均具1脉,背部成脊而边缘膜质;外稃舟形,具3脉,背部明显成脊,内稃与外稃近等长,具2脉。子房无毛,柱头紫红色。颖果长圆柱形。花果期5~10月。

生境 村庄附近、道旁河岸和荒地山坡。

分布 施秉地区广泛分布。

用途 全草可入药,具有清血、解热和生肌等药效。

425. 稻 *Oryza sativa*

形态 一年生水生草本。秆直立,高0.5~1.5米。叶鞘松弛,无毛;叶舌披针形,两侧基部下延长成叶鞘边缘,具2枚镰形抱茎的叶耳;叶片无毛,粗糙。圆锥花序大型疏展,长约30厘米,棱粗糙,成熟期向下弯垂;小穗含1成熟花,两侧扁;颖极小,仅在小穗柄先端留下半月形的痕迹;两侧孕性花外稃质厚,具5脉,中脉成脊,表面有方格状或小乳状突起,厚纸质,遍布细毛端毛较密;内稃与外稃同质,具3脉;雄蕊6枚,花药长2~3毫米。颖果长约5毫米,宽约2毫米;胚小,约为颖果长的1/4。

生境 喜高温、喜湿和短日照。

分布 施秉地区有栽种。

用途 重要的粮食作物,供食用。稻芽入药,能消食和中、健脾开胃,用于治疗食积不消、腹胀口臭和脾胃虚弱等。

426. 显子草 *Phaenosperma globosa*

形态 多年生。根较稀疏而硬。秆单生或少数丛生，光滑，直立，高100~150厘米，具4~5节。叶鞘光滑，通常生长于节间；叶舌质硬，两侧下延；叶片宽线形，基部窄狭，先端渐尖细，长10~40厘米，宽1~3厘米。圆锥花序长15~40厘米，分枝在下部多轮生；小穗背腹扁；两颖不等长，第一颖长2~3毫米，第二颖长约4毫米；外稃长约4.5毫米，具3~5脉，两边脉不明显；花药长1.5~2毫米。颖果倒卵球形，黑褐色，表面具皱纹，成熟后露出稃外。花果期5~9月。

生境 海拔150~1800米的山坡林下、山谷溪旁及路边草丛。

分布 云台山有分布。

用途 全草入药，具有补虚健脾、和血调经等药效，主治病后体虚、经闭和脾虚腹胀。

427. 玉蜀黍 *Zea mays*

形态 一年生高大草本。秆直立，高1~4米，基部各节具气生支柱根。叶鞘具横脉；叶舌膜质；叶片扁平宽大，基部圆形呈耳状，中脉粗壮，边缘微粗糙。顶生大型雄性圆锥花序，雄性小穗孪生，柄长分别为1~2毫米及2~4毫米，被细柔毛，两颖近等长，膜质；外稃及内稃透明膜质；花药橙黄色。雌花序被多数宽大的鞘状苞片所包藏，雌小穗孪生，成16~30纵行排列于粗壮序轴上，两颖等长，宽大，具纤毛；外稃及内稃透明膜质；雌蕊具极长细弱的线形花柱。颖果球形或扁球形，胚长为颖果的1/2~2/3。花果期为秋季。

生境 喜高温，沙壤、粘土上均可生长。

分布 施秉地区广泛种植。

用途 重要粮食作物；种子入药，有调中开胃、利尿消肿的药效，主治食欲不振、小便不利和水肿等。

428. 棕叶狗尾草　Setaria palmifolia

形态　多年生草本。具根茎，须根较坚韧。秆直立或基部稍膝曲，具支柱根。叶鞘松弛，具疣毛，下部边缘薄纸质；叶舌长，具长约2~3毫米的纤毛；叶片纺锤状宽披针形，长20~59厘米，宽2~7厘米，先端渐尖，基部窄缩呈柄状。圆锥花序主轴延伸甚长，具棱角；小穗卵状披针形，排列于小枝一侧，部分小穗下托1枚刚毛；第一颖三角状卵形，长为小穗的1/3~1/2，具3~5脉；第二颖长为小穗的1/2~3/4或略短于小穗，具5~7脉；第一外稃与小穗等长或略长，具5脉；内稃膜质，长为外稃的2/3；第二小花两性，第二外稃具不明显的横皱纹，等长或稍短于第一外稃。鳞被楔形微凹，基部沿脉色深；花柱基部联合。颖果卵状披针形，具不明显的横皱纹。花果期8~12月。

生境　山坡或谷地林下阴荫处。

分布　黑冲等地有分布。

用途　颖果含丰富淀粉，可供食用；根入药，主治脱肛、子宫脱垂。

棕榈科　Palmae

429. 棕榈　Trachycarpus fortunei

形态　乔木状，高3~10米或更高，树干圆柱形，裸露树干直径10~15厘米甚至更粗。叶片呈3/4圆形或者近圆形，深裂成30~50片具皱折的线状剑形，裂片长60~70厘米；叶柄两侧具细圆齿，顶端有明显的戟突。花序粗壮，从叶腋抽出，通常雌雄异株。雄花序长约40厘米，具有2~3个分枝花序；雄花2~3朵密集着生于小穗轴上；卵球形，钝三棱；花萼3片，雄蕊6枚；雌花序长80~90厘米，有3个佛焰苞；雌花淡绿色，通常2~3朵聚生；花无梗，着生于短瘤突上，花瓣卵状近圆形，心皮被银色毛。果实阔肾形，柱头残留在侧面附近。

生境　多栽培，罕见野生于疏林中。

分布　云台山、谢家院等地有分布。

用途　未开放的花苞可食用；棕皮及叶柄煅炭入药有止血作用，果实、叶、花及根等也可入药。

天南星科　Araceae

430. 磨芋　*Amorphophallus rivieri*

形态　块茎扁球形，直径7.5~25厘米，顶部中央下凹，颈部周围生多数肉质根及纤维状须根。叶柄长45~150厘米，基部粗3~5厘米，有绿褐色或白色斑块，基部膜质鳞叶2~3，披针形。叶片3裂，1次裂片具长50厘米的柄，2歧分裂，2次裂片2回羽状分裂或2回2歧分裂，小裂片互生，基部外侧下延成翅状；侧脉多数，平行，近边缘联结为集合脉。花序柄长50~70厘米，粗1.5~2厘米，色泽同叶柄。佛焰苞漏斗形，长20~30厘米，基部席卷，苍绿色，杂以暗绿色斑块；檐部心状圆形，锐尖，边缘折波状。肉穗花序比佛焰苞长一倍，雌花序圆柱形，雄花序紧接，附属器为伸长的圆锥形，中空，明显具小薄片或具棱状长圆形的不育花遗垫。花丝长1毫米，花药长2毫米。子房长约2毫米，2室，胚珠极短，无柄，花柱与子房近等长。浆果球形或扁球形，熟时黄绿色。

生境　海拔20~2600米的湿地、溪旁石上和密林。

分布　白沙井附近有分布。

用途　块茎可加工成磨芋豆腐，若入药，能解毒消肿、健胃和消饱胀，主治疗疮、无名肿毒、乳痈、腹中肿块和疝气等。

431. 象南星　*Arisaema elephas*

形态　块茎近球形，直径3~5厘米，密生长达10余厘米的纤维状须根。鳞叶3~4，内面2片呈狭长三角形，长9~15厘米。叶1，叶柄长20~30厘米，基部粗可达2厘米，无鞘；叶片3全裂，稀3深裂，中肋背面明显隆起，侧脉斜伸，集合脉距边缘0.5~1.5厘米，网脉明显；中裂片倒心形，中央下凹，具正三角形的尖头；侧裂片较大，宽斜卵形，骤狭短渐尖，外侧宽，基部圆形，内侧楔形或圆形。花序柄短于叶柄。佛焰苞青紫色，基部黄绿色，管部具白色条纹，管部圆柱形，喉部边缘斜截形，两侧下缘相交成直角；檐部长圆披针形，自基部稍内弯，先端骤狭渐尖。肉穗花序单性，雄花序长1.5~3厘米，花序轴粗可达8毫米，花疏；雌花序长1~2.5厘米。雄花具长柄，花药2~5；

雌花子房长卵圆形,先端渐狭为短的花柱,柱头盘状,密被短茸毛,1室,胚珠6~10。浆果砖红色,种子5~8粒,卵形,淡褐色,具喙,果序轴海绵质,圆锥状。

生境 河岸、山坡林下、草地或荒地。

分布 我国特有,施秉县城及黑冲等地有分布。

用途 块茎剧毒,入药可治腹痛,但仅能用微量。

432. 一把伞南星 *Arisaema erubescens*

形态 块茎扁球形,直径可达6厘米。叶1,极稀2,叶柄长40~80厘米,中部以下具鞘,鞘部粉绿色;叶片放射状分裂,裂片无定数,幼株少则3~4枚,多年生植株有多至20枚的,常1枚上举,其余放射状平展,无柄。花序柄比叶柄短,直立。佛焰苞绿色,管部圆筒形,长4~8毫米,粗9~20毫米;喉部边缘截形或稍外卷;檐部通常颜色较深,先端渐狭,略下弯。肉穗花序单性,雄花序长2~2.5厘米,花密,雌花序长约2厘米,各附属器光滑。雄花具短柄,雄蕊2~4,药室近球形,顶孔开裂成圆形。雌花子房卵圆形;柱头无柄。果序柄下弯或直立,浆果红色,种子1~2粒,球形。

生境 海拔3200米以下的林下、灌丛、草坡和荒地。

分布 云台山有分布。

用途 块茎入药,能祛风止痉、化痰散结,用于治疗中风痰壅、手足麻痹、风痰眩晕、癫痫、惊风、咳嗽多痰和痈肿等。

433. 天南星 *Arisaema heterophyllum*

形态 块茎扁球形,直径2~4厘米。鳞芽4~5,膜质。叶常1,粉绿色,长30~50厘米,下部3/4鞘筒状,鞘端斜截形;叶片鸟足状分裂,裂片13~19,全缘;侧裂片排列成蝎尾状。花序柄长30~55厘米,从叶柄鞘筒内抽出。佛焰苞管部圆柱形,喉部截形,檐部卵形或卵状披针形,下弯成盔状。肉穗花序两性,雄花序单性;两性花序的下部雌花序长1~2.2厘米,上部雄花序长1.5~3.2厘米。大部分雄花不育,单性雄花序至佛焰苞喉部呈外"之"字形上升。雌花球形,花柱明显,胚珠3~4,直立于基底胎座上;雄花具柄,花药2~4,白色,顶孔横裂。浆果圆柱形,内有棒头状种子1粒,不育胚珠2~3枚。

生境 生于林下、灌丛或草地。

分布 云台山有分布。

用途 块茎入药,能解毒消肿、祛风定惊和化痰散结,用于治疗治面神经麻痹、半身不遂、小儿惊风和癫痫。用胆汁处理过的天南星称胆南星,主治小儿痰热及惊风抽搐。

434. 湘南星　*Arisaema hunanense*

形态　块茎扁球形，鳞叶膜质，线状披针形。叶2，叶柄长45~55厘米，下部1/2具鞘；叶片鸟足状分裂，裂片7~9，倒披针形，长10~25厘米，宽2.5~6厘米，中裂片具短柄，侧裂片无柄；侧脉脉距4~6毫米，集合脉距边缘3~5毫米。花序柄短于叶柄，伸出叶柄鞘3~6厘米。佛焰苞管部圆柱形，喉部边缘稍外卷；檐部卵状披针形，长渐尖。肉穗花序单性，雄花序长1.5厘米，雌花序长2.5厘米，上部弯曲外伸，或近直立。子房椭圆形，花柱短，柱头小，画笔状。花期3~5月。

生境　海拔200~750米。

分布　我国特有，云台山有分布。

用途　民间草药。

435. 芋　*Colocasia esculenta*

形态　湿生草本。块茎通常卵形，常生多数小球茎。叶2~3或更多。叶柄长于叶片，长20~90厘米，侧脉4对，斜伸达叶缘，后裂片浑圆，基出脉相交成30度角，外侧脉2~3。花序柄常单生，短于叶柄。佛焰苞长短不一，管部绿色，长约4厘米，粗2.2厘米，长卵形；檐部披针形或椭圆形，长约17厘米，展开成舟状。肉穗花序长约10厘米，短于佛焰苞；雌花序长圆锥状；中性花序细圆柱状；雄花序圆柱形，长4~4.5厘米；附属器钻形，长约1厘米，粗不及1毫米。

生境　喜高温湿润，不耐旱，较耐阴，并具有水生植物的特性，水田或旱地均可栽培。

分布　施秉地区有栽培。

用途　块茎可食，叶柄可剥皮煮食。块茎入药可治乳腺炎、痈肿疔疮、颈淋巴结核和烧烫伤，叶入药可治荨麻疹和疮疥。

436. 早花岩芋　*Remusatia hookeriana*

形态　块茎小。芽条平卧或下垂，分枝茂密，有时不具芽条。叶柄长可达20厘米；叶片薄革质，卵状长圆形，基部心形，长10~16厘米，宽5~12厘米，侧脉2~3对；后裂片长约为前裂片的1/4，向基部渐狭，几乎完全联合；后基出脉互交成20~30度的锐角。花序柄与叶同年抽出，但先于叶出现，常下弯。佛焰苞管部卵形，檐部直立，长圆状披针形。肉穗花序略具柄，雌花序狭椭圆形，长约1厘米；不育雄花序骤狭；能育雄花序棒状，钝，长6~8毫米。花期5月，果10月成熟。

生境 沟谷、阔叶林内的石头上。
分布 舞阳河畔及杉木河畔的岩石上。
用途 民间草药。

香蒲科 Typhaceae

437. 水烛 *Typha angustifolia*

形态 多年生，水生或沼生草本。根状茎乳黄色或灰黄色，先端白色。地上茎直立，粗壮。叶片上部扁平，中部以下腹面微凹，背面向下逐渐隆起呈凸形，下部横切面呈半圆形。雄花由3枚雄蕊合生，有时2枚或4枚组成，花药长约2毫米，长距圆形；雌花具小苞片，孕性雌花柱头窄条形或披针形，长约1.3~1.8毫米，花柱长1~1.5毫米，子房纺锤形，具褐色斑点；不孕雌花子房倒圆锥形，具褐色斑点，先端黄褐色；不育柱头短尖，白色丝状毛着生于子房柄基部，并向上延伸。小坚果长椭圆形，长约1.5毫米，具褐色斑点，纵裂。种子深褐色。花果期6~9月。

生境 湖泊、河流和池塘浅水处，水深稀达1米或更深，沼泽、沟渠中也常见，当水体干枯时可生于湿地及地表龟裂环境中。

分布 胜溪等地有分布。

用途 花粉即蒲黄，入药可治呕血、咯血、尿血、便血、崩漏、创伤出血、心腹疼痛、产后淤痛和痛经等症；幼叶基部和根状茎先端可食用。

莎草科 Cyperaceae

438. 隐穗薹草 *Carex cryptostachys*

形态 秆侧生，扁三棱形，花葶状，柔弱。根状茎长，木质，外被暗褐色分裂成纤维状的残存老叶鞘。叶长于秆，宽6~15毫米，平张，两面平滑，边缘粗糙，革质。小穗6~10个，几乎全部为雄雌顺序（至少顶端小穗必定为雄雌顺序），长圆形或圆柱形，长8~25毫米。花疏生，部分雄花短，长3~5毫米；雌花鳞片卵状长圆形，淡棕色或黄绿色，中脉绿色，顶端急尖或凸尖。果囊显著长于鳞片，膜质，黄绿色，上部密被短柔毛，边缘具纤毛，具多脉，基部楔形，具长约1毫米的柄，顶端渐狭成短喙，喙口具2短齿。小坚果呈三棱状菱形，棱的中部凹缩，三个棱面中部凸出成腰状，上下凹入。冬季开花，次年春季结果。

生境 海拔100~1200米的密林下湿处及溪边。

分布 两岔河有分布。

用途 嫩茎叶是牲畜的饲料。

439. 葱状薹草 *Carex alliiformis*

形态 秆疏丛生。根状茎短，具细长的地下匍匐茎，地下匍匐茎常包以红棕色无叶片的鞘。叶长于秆，平张，具两条明显的侧脉及紫红色叶鞘。小穗5~8个，下面的间距较长，上面的较短；顶端1~2个小穗为雄小穗，近线形，具小穗柄；其余小穗为雌小穗，密生多数花；下面的小穗具较长的柄，上面的小穗具较短的柄。果囊斜展，较鳞片稍长，倒卵状长圆形，鼓胀三棱形，长约4毫米，草质，绿色或淡黄绿色，无毛，具多条脉，基部急缩成楔形，顶端急缩成较短的喙，喙口具两短齿。小坚果较松地包于果囊内，椭圆形，三棱形，长约2毫米，灰绿色，棱上呈淡褐黄色；花柱基部不增粗，柱头3个。花果期5~7月。

生境 林下、林缘或山坡空旷处。

分布 两岔河有分布。

用途 民间草药。

440. 大披针薹草 *Carex lanceolata*

形态 根状茎粗壮，斜生。秆密丛生，纤细，扁三棱形，上部稍粗糙。叶初时短于秆，后渐延伸，平张，质软，边缘稍粗糙，基部具紫褐色分裂呈纤维状的宿存叶鞘。苞片佛焰苞状，苞鞘背部淡褐色，其余绿色，具淡褐色线纹。小穗3~10个，彼此疏远；小穗柄通常不伸出苞鞘外，仅下部的1个稍外露；小穗轴微呈"之"字形曲折。小坚果倒卵状椭圆形或三棱形，基部具短柄，顶端具外弯的短喙。花柱基部稍增粗，柱头3。

生境 海拔110~2300米的林下、林缘草地和阳坡干燥草地。

分布 云台山有分布。

用途 嫩茎叶是牲畜的饲料。

441. 短叶水蜈蚣 *Kyllinga brevifolia*

形态 根状茎长而匍匐，外被膜质、褐色的鳞片，具多数节间，每一节上长一秆。秆成列散生，细弱，扁三棱形，平滑，基部不膨大，具4~5个圆筒状叶鞘，最下面2个叶鞘常为干膜质，棕色，鞘口斜截形，顶端渐尖。叶柔弱，短于或稍长于秆，平张，上部边缘和背面中肋上具细刺。穗状花序单个，极少2个或3个，球形或卵球形，具极多数密生的小穗。小穗长圆状披针形或披针形，扁，长约3毫米，宽0.8~1毫米，具1朵花；雄蕊1~3个，花药线形；花柱细长，柱头2，长不及花柱的1/2。小坚果倒卵状长圆形，扁双凸状，长约为鳞片的1/2，表面具密的细点。花果期5~9月。

生境 海拔600米以下的山坡荒地、路旁草丛中、田边草地、溪边和海边沙滩上。

分布 塘头等地有分布。

用途 全草入药，有疏风解表、清热利湿、止咳化痰和祛瘀消肿等药效，用于治疗伤风感冒、支气管炎、百日咳、疟疾、痢疾、肝炎、跌打损伤和风湿性关节炎；外用治蛇咬伤、皮肤瘙痒和疖肿。

莎草科

442. 无刺鳞水蜈蚣 *Kyllinga brevifolia var. leiolepis*

形态 小穗较宽，稍肿胀；鳞片背面有龙骨状突起上无刺，顶端无短尖或具直短尖。花果期5~10月。

生境 海拔1200米以下的路旁、草坡、溪边、稻田旁、浅水中以及海边湿地上。

分布 云台山有分布。

用途 民间草药。

443. 砖子苗 *Mariscus umbellatus*

形态 秆疏丛生，根状茎短。叶短于秆或与秆等长，宽3~6毫米，下部常折合，向上渐成平张，边缘不粗糙；叶鞘褐色或红棕色。叶状苞片5~8枚，通常长于花序，斜展；长侧枝聚伞花序简单，具6~12个或更多辐射枝，辐射枝长短不等，有时短缩，最长达8厘米。穗状花序圆筒形或长圆形，具多数密生的小穗；小穗平展或稍俯垂，线状披针形，具1~2个小坚果；小穗轴具宽翅，翅披针形，白色透明。雄蕊3，花药线形，药隔稍突出；花柱短，柱头3，细长。小坚果狭长圆形，三棱形，初期秆黄色，表面具微突起细点。花果期4~10月。

生境 海拔200~3200米的山坡向阳处、路旁草地、溪边以及松林下。

分布 黑冲等地有分布。

用途 全草入药，有祛风解表、止咳化痰和解郁调经等药效，用于治疗风寒感冒、咳嗽痰多、皮肤瘙痒和月经不调等。

444. 红鳞扁莎 *Pycreus sanguinolentus*

形态 根为须根。秆密丛生，扁三棱形，平滑。叶稍多，平张，边缘具白色透明的细刺。苞片3~4枚，叶状；长侧枝聚伞花序简单，具3~5个辐射枝，辐射枝有时极短，因而花序近似头状，有时可长达4.5厘米，由4~12个或更多的小穗密聚成短的穗状花序；小穗辐射展开，具6~24朵花。小穗轴直，四棱形，无翅；雄蕊3，稀2，花药线形；花柱长，柱头2，细长，伸出于鳞片之外。小坚果圆倒卵形或长圆状倒卵形，双凸状，稍肿胀，成熟时黑色。

花果期7~12月。

  生境 山谷、田边及河旁潮湿处或浅水处，多在向阳的地方。

  分布 施秉地区有分布。

  用途 根入药，可用于治疗肝炎。全草入药，有清热解毒、除湿退黄的药效。

445. 碎米莎草 *Cyperus iria*

  形态 一年生草本，无根状茎，具须根。秆丛生，细弱或稍粗壮，扁三棱形；基部具少数叶，叶短于秆，平张或折合，叶鞘红棕色或棕紫色。叶状苞片3~5枚；长侧枝聚伞花序复出，具4~9个辐射枝，每个辐射枝具5~10个穗状花序，或有时更多；穗状花序卵形或长圆状卵形，长1~4厘米，具5~22个小穗；小穗排列松散，斜展开，长圆形、披针形或线状披针形，扁，具6~22朵花；小穗轴上近于无翅。雄蕊3，花丝着生在环形的胼胝体上，花药短，椭圆形，药隔不突出于花药顶端；花柱短，柱头3。小坚果倒卵形或椭圆形，三棱形，与鳞片等长，褐色，具密的微突起细点。花果期6~10月。

  生境 常见杂草，生长于田间、山坡和路旁阴湿处。

  分布 云台山有分布。

  用途 全草入药，能祛风除湿、活血调经，用于治疗风湿筋骨疼痛、瘫痪、月经不调、闭经和跌打损伤等。

446. 异型莎草 *Cyperus difformis*

  形态 一年生草本，根为须根。秆丛生，稍粗或细弱，扁三棱形，平滑。叶短于秆，宽2~6毫米，平张或折合；叶鞘稍长，褐色。苞片2枚，稀3枚，叶状；长侧枝聚伞花序简单，少数为复出，具3~9个辐射枝，或近于无花梗；头状花序球形，具极多数小穗，直径5~15毫米；小穗密聚，披针形或线形，具8~28朵花，小穗轴无翅，鳞片排列稍松，膜质，近于扁圆形，顶端圆，中间淡黄色，两侧深红紫色或栗色，边缘具白色透明的边。雄蕊2，稀1，花药椭圆形，药隔不突出于花药顶端，花柱极短，柱头3，短。小坚果倒卵状椭圆形，三棱形，几乎与鳞片等长，淡黄色。花果期7~10月。

  生境 稻田中或水边潮湿处。

  分布 施秉地区有分布。

  用途 全草入药，有利尿通淋、行气活血等药效，用于治疗热淋、小便不利和跌打损伤等。

芭蕉科　Musaceae

447. 芭蕉　*Musa basjoo*

形态　植株高2.5~4米。叶片长圆形，长2~3米，宽25~30厘米，先端钝，基部圆形或不对称，叶面鲜绿色，有光泽；叶柄粗壮，长达30厘米。花序顶生，下垂；苞片红褐色或紫色；雄花生于花序上部，雌花生于花序下部；雌花在每一苞片内约10~16朵，排成2列；合生花被片长4~4.5厘米，具5（3+2）齿裂，离生花被片与合生花被片等长，顶端具小尖头。浆果三棱状，长圆形，长5~7厘米，具3~5棱，近无柄，肉质，内具多数种子。种子黑色，具疣突及不规则棱角，宽6~8毫米。

生境　多栽培于庭园及农舍附近。

分布　施秉地区有栽培。

用途　果实入药，能止渴润肺、通血脉和填骨髓；根茎入药，能清热解毒、止渴和利尿，用于治疗热病、烦闷消渴、痈肿疔毒、丹毒、崩漏和水肿等；茎中的汁液入药，具有清热、止渴和解毒的药效，用于治疗热病烦渴、癫痫、疔疮痈疽和中耳炎等。

姜科　Zingiberaceae

448. 黄姜花　*Hedychium flavum*

形态　茎高1.5~2米。叶片长圆状披针形或披针形，顶端渐尖，并具尾尖，基部渐狭，两面均无毛，无柄；叶舌膜质，披针形，长2~5厘米。穗状花序长圆形；苞片覆瓦状排列，长圆状卵形，顶端边缘具髯毛，每一苞片内有花3朵；花黄色；花萼管长4厘米，外被粗长毛，顶端一侧开裂；花冠管比萼管略长，裂片线形，长约3厘米；唇瓣倒心形，长约4厘米，宽约2.5厘米，黄色，当中有一个橙色的斑，顶端微凹，基部有短瓣柄；花丝长约3厘米，花药长1.2~1.5厘米，弯曲，柱头漏斗形，子房被长粗毛。花期8~9月。

生境　海拔1000~1500米的山坡林下或山谷潮湿密林中。

分布　胜溪有分布。

用途　花入药，能温中健胃，主治胃寒腹痛、食积停滞、消化不良和腹泻等。

449. 山姜 *Alpinia japonica*

形态 株高35~70厘米，具横生、分枝的根茎。叶通常2~5片，叶片披针形、倒披针形或狭长椭圆形，两端渐尖，顶端具小尖头，叶背面被短柔毛，近无柄至具长达2厘米的叶柄。总状花序顶生；总苞片披针形，开花时脱落；小苞片极小，早落。花通常2朵聚生，在2朵花之间常有退化的小花残迹可见；小花梗长约2毫米；花萼棒状，长1~1.2厘米，被短柔毛，顶端3齿裂；花冠管长约1厘米，被小疏柔毛，花冠裂片长圆形，长约1厘米，外被茸毛，后方的一枚兜状；侧生退化雄蕊线形，长约5毫米；子房密被茸毛。果球形或椭圆形，被短柔毛，成熟时为橙红色，顶有宿存的萼筒；种子多角形，长约5毫米，径约3毫米，有樟脑味。花期4~8月，果期7~12月。

生境 林下阴湿处。

分布 黑冲有分布。

用途 果实入药，用于治疗消化不良、腹痛和呕吐等；根茎入药，能理气止痛、祛湿、消肿和活血通络，主治风湿性关节炎、胃气痛和跌打损伤。

450. 蘘荷 *Zingiber mioga*

形态 株高0.5~1米。根茎淡黄色。叶片披针状椭圆形或线状披针形，叶面无毛，叶背无毛或被稀疏的长柔毛，顶端尾尖。穗状花序椭圆形；苞片覆瓦状排列，椭圆形，红绿色，具紫脉；花冠管比花萼长，裂片披针形，淡黄色；唇瓣卵形，3裂，中裂片长2.5厘米，宽1.8厘米，中部黄色，边缘白色；花药和药隔附属体均长约1厘米。果倒卵形，熟时裂成3瓣，果皮里面鲜红色；种子黑色，被白色假种皮。花期8~10月。

生境 山谷中阴湿处或在江苏等地有栽培。

分布 两岔河有分布。

用途 根茎入药，有温中理气、祛风止痛、消肿、活血和散淤的药效；嫩花序及嫩叶可食用；花序可治咳嗽。

兰科 Orchidaceae

451. 艳丽齿唇兰 *Anoectochilus moulmeinensis*

形态 植株高20~30厘米。根状茎伸长，匍匐，肉质，具节，节上生根。茎直立，粗壮，无毛，具5~7枚叶。叶片长圆形或狭椭圆形，先端渐尖，基部楔形，表面绿色，沿中肋具1条白色的宽条纹，背面灰绿色，具柄。总状花序具数朵至十余朵较疏散的花，长5~12厘米；花苞片卵形或卵状披针形，淡红色，先端渐尖；萼片和花瓣的背面均为淡红色，萼片卵形，先端锐尖，背面稀疏被柔毛，具1脉；花瓣为宽的半卵形，具1脉；唇瓣白色，呈"T"字形；蕊柱短，长3~3.5毫米，前面两侧具翼状宽的附属物；花药卵形，长约3.5毫米，先端渐尖；柱头2，位于蕊喙基部两侧稍靠前。花期8~10月。

生境 海拔450~2200米的山坡或沟谷密林下阴湿处。

分布 两岔河有分布。

用途 民间药用。

452. 西南齿唇兰 *Anoectochilus elwesii*

形态 植株高15~25厘米。根状茎伸长，匍匐，肉质，具节，节上生根。茎向上伸展或直立，圆柱形，较粗壮，无毛，具6~7枚叶。叶片卵形或卵状披针形，上表面暗紫色或深绿色，有时具3条带红色的脉，背面淡红或淡绿色，先端急尖，基部圆钝，骤狭成柄。总状花序具2~4朵较疏生的花，花序轴和花序梗被短柔毛；花苞片小，卵形；子房圆柱形，扭转，被短柔毛；花大，长约4厘米，倒置（唇瓣位于下方）；花瓣白色，质地较萼片薄，斜半卵形，镰状，基部收狭；花药狭卵形，长约4毫米，先端渐尖，药隔厚；蕊喙小，直立，叉状2裂；柱头2，离生，近圆形且大，位于蕊喙前方的基部。花期7~8月。

生境 海拔300~1500米的山坡或沟谷常绿阔叶林下阴湿处。

分布 两岔河有分布。

用途 民间药用。

453. 金线兰　*Anoectochilus roxburghii*

形态　植株高8~18厘米。根状茎匍匐，伸长，肉质，具节，节上生根；茎直立，肉质，圆柱形，具2~4枚叶。叶片卵圆形或卵形，上表面暗紫色或黑紫色，具金红色带有绢丝光泽的美丽网脉，背面淡紫红色。总状花序具2~6朵花，长3~5厘米；花序轴淡红色，花序和花序梗均被柔毛，花序梗具2~3枚鞘苞片。花苞片淡红色，卵状披针形或披针形。花瓣质地薄，近镰刀状；唇瓣呈"Y"字形；花药卵形；蕊喙直立，叉状2裂；柱头2，离生，位于蕊喙基部两侧。花期(8~)9~11(~12)月。

生境　海拔50~1600米的常绿阔叶林下或沟谷阴湿处。

分布　两岔河有分布。

用途　全草入药，能清热凉血、除湿解毒，用于治疗肺结核咯血、肾炎、膀胱炎、风湿性及类风湿性关节炎和毒蛇咬伤等。

454. 大叶火烧兰　*Epipactis mairei*

形态　地生草本。根状茎粗短，有时不明显，具多条细长的根。茎直立。叶5~8枚，互生，中部叶较大；叶片卵圆形、卵形至椭圆形，先端短渐尖至渐尖，基部延伸成鞘状。总状花序长10~20厘米，具10~20朵花，或更多；花苞片椭圆状披针形；花瓣长椭圆形或椭圆形，先端渐尖；唇瓣中部稍缢缩而成上、下唇；蕊柱连花药长7~8毫米；花药长3~4毫米。蒴果椭圆状，长约2.5厘米，无毛。花期6~7月，果期9月。

生境　海拔1200~3200米的山坡灌丛中、草丛中、河滩阶地或冲积扇等地。

分布　云台山有分布。

用途　根状茎和根入药，能理气活血、祛瘀解毒，用于治疗咳嗽、胸痛、疮疡肿毒和跌打损伤。

455. 独蒜兰　*Pleione bulbocodioides*

形态　半附生草本。假鳞茎卵形至卵状圆锥形，上端有明显的颈，顶端具1枚叶。叶在花期尚幼嫩，长成后

狭椭圆状披针形或近倒披针形，纸质。花葶从无叶的老假鳞茎基部发出，直立，长7~20厘米，下半部包藏在有3枚膜质的圆筒状鞘内，顶端具1~2朵花；花苞片线状长圆形，明显长于花梗和子房，先端钝；花粉红色至淡紫色，唇瓣上有深色斑；花瓣倒披针形，稍斜；唇瓣轮廓为倒卵形或宽倒卵形，有不明显3裂；蕊柱长2.7~4厘米，弧曲，两侧具翅。蒴果近长圆形，长2.7~3.5厘米。花期4~6月。

生境　海拔900~3600米的常绿阔叶林下或灌木林缘腐植质丰富的土壤中或苔藓覆盖的岩石上。

分布　黑冲、两岔河有分布。

用途　假鳞茎入药，有清热解毒、消肿散结及化痰止咳的药效，用于治疗疮疖痈肿和毒蛇咬伤。

456. 二叶舌唇兰　*Platanthera chlorantha*

形态　块茎卵状纺锤形，肉质，上部收狭细圆柱形，细长。茎直立，无毛，近基部具2枚彼此紧靠、近对生的大叶，在大叶之上具2~4枚变小的披针形苞片状小叶；基部大叶片椭圆形或倒披针状椭圆形，先端钝或急尖，基部收狭成抱茎的鞘状柄。总状花序具12~32朵花，长13~23厘米；花苞片披针形，先端渐尖。花较大，绿白色或白色；花瓣直立，偏斜，狭披针形，逐渐收狭成线形，具1~3脉；唇瓣向前伸，舌状，肉质先端钝；蕊柱粗，药室明显叉开；花粉团椭圆形，具细长的柄和近圆形的粘盘；退化雄蕊显著；柱头1，凹陷。花期6~8月。

生境　海拔400~3300米的山坡林下或草丛中。

分布　云台山有分布。

用途　块茎入药，能补肺生肌、化瘀止血，用于治疗肺痨咳血和吐血；外用治创伤、痈肿和水火烫伤。

457. 黄花鹤顶兰　*Phaius flavus*

形态　假鳞茎卵状圆锥形，具2~3节，被鞘。叶4~6枚，紧密互生于假鳞茎上部，通常具黄色斑块，长椭圆形或椭圆状披针形。花葶1~2，从假鳞茎基部或基部上方的节上发出，直立，粗壮，圆柱形或扁圆柱形。总状花序长达20厘米，具少于20朵花。花苞片宿存，大而宽，披针形，先端钝，膜质，无毛。花柠檬黄色，上举，不甚张开，干后变靛蓝色；花瓣长圆状倒披针形，先端钝，具7条脉，无毛；唇瓣贴生于蕊柱基部，前端3裂，两面无毛；距白色，末端钝；蕊柱白色，纤细，上端扩大，正面两侧密被白色长柔毛；蕊喙肉质，半圆形；药帽白色，在前端不伸长，先端锐尖，药床宽大，花粉团卵形。花期4~10月。

生境　海拔300~2500米的山坡林下阴湿处。

分布　黑冲有分布。

用途　茎入药，有清热止咳、活血止血等药效，主治咳嗽、多痰咯血和外伤出血等。

458. 旗唇兰 *Vexillabium yakushimense*

形态　株高8~13厘米。根状茎细长或粗短，肉质，匍匐，具节，节上生根。茎直立，绿色，无毛，具4~5枚叶。叶较密生于茎的基部或疏生于茎上，叶片卵形，肉质；叶柄长5~7毫米，基部扩大成抱茎的鞘。花茎顶生，常带紫红色，具白色柔毛，中部以下具1~2枚粉红色的鞘状苞片。总状花序带粉红色，具3~7朵花，被疏柔毛。花苞片粉红色，宽披针形；花瓣白色，具紫红色斑块，为偏斜的半卵形，基部变狭窄；唇瓣白色，呈"T"字形；蕊柱短；花药心形，先端渐尖，基部生于蕊柱的背侧；花粉团倒卵形，具短的花粉团柄；柱头2，较靠近，呈横的星月形，突出。花期8~9月。

生境　海拔450~1600米的林中树上苔藓丛中、林下或沟边岩壁石缝中。

分布　两岔河有分布。

用途　民间药用。

459. 绒叶斑叶兰 *Goodyera velutina*

形态　植株高8~16厘米。根状茎伸长，茎状，匍匐，具节。茎直立，暗红褐色，具3~5枚叶。叶片卵形至椭圆形，长2~5厘米，宽1~2.5厘米，先端急尖，基部圆形，上表面深绿色或暗紫绿色，天鹅绒状，沿中肋具1条白色带，背面紫红色，具柄；叶柄长1~1.5厘米。花茎长4~8厘米，被柔毛，具2~3枚鞘状苞片；总状花序具6~15朵花，偏向一侧；花苞片披针形，红褐色；唇瓣长6.5~9毫米，基部凹陷呈囊状；花药卵状心形，先端渐尖；花粉团长2.2~3毫米；蕊喙直立，叉状2裂，长约2.5毫米。花期9~10月。

生境　海拔700~3000米的林下阴湿处。

分布　云台山有分布。

用途　全草入药，有润肺止咳、补肾益气、行气活血和消肿解毒等药效，用于治疗肺痨咳嗽、气管炎、头晕乏力、神经衰弱、跌打损伤、骨节疼痛、咽喉肿痛和毒蛇咬伤等。

兰科

460. 绶草 *Spiranthes sinensis*

形态　植株高13~30厘米。根数条，指状，肉质，簇生于茎基部。茎较短，近基部生2~5枚叶。叶片宽线形或宽线状披针形，直立伸展，先端急尖或渐尖。花茎直立，长10~25厘米，上部被腺状柔毛至无毛。总状花序具多数密生的花，呈螺旋状扭转；花苞片卵状披针形，先端长渐尖，下部的长于子房；花小，紫红色、粉红色或白色，在花序轴上呈螺旋状排生；花瓣斜菱状长圆形，先端钝，与中萼片等长但较薄；唇瓣宽长圆形，凹陷，先端极钝，前半部上面具长硬毛且边缘具强烈皱波状啮齿，唇瓣基部凹陷呈浅囊状，囊内具2枚胼胝体。花期7~8月。

生境　海拔200~3400米的山坡林下、灌丛下、草地或河滩沼泽草甸中。

分布　白沙井有分布。

用途　全草入药，能滋阴益气、凉血解毒，用于治疗病后体虚、神经衰弱、肺结核咯血和咽喉肿痛等；外用治毒蛇咬伤。

461. 纹瓣兰 *Cymbidium aloifolium*

形态　附生植物。假鳞茎卵球形，通常包藏于叶基之内。叶4~5枚，带形，厚革质，先端不等的2圆裂或2钝裂。花葶从假鳞茎基部穿鞘而出，下垂。总状花序具（15~）20~35朵花；花苞片长2~5毫米；花略小，稍有香气；花瓣略短于萼片，狭椭圆形；唇瓣近卵形，3裂，基部囊状，上面有小乳突或微柔毛；蕊柱长1~1.2厘米，略向前弧曲；花粉团2个。蒴果长圆状椭圆形，长3.5~6.5厘米，宽2~3厘米。花期4~5月，偶见10月。

生境　海拔100~1100米疏林中、灌木丛中树上和溪谷旁岩壁上。

分布　云台山有分布。

用途　民间药用。

462. 线瓣玉凤花 *Habenaria fordii*

形态　植株高30~60厘米。块茎肉质，长椭圆形，长3~4厘米，直径2~3厘米。茎粗壮，直立。叶片长圆状披针形或长椭圆形，先端急尖，基部收狭抱茎，叶之上具多枚披针形苞片状小叶。总状花序具花多朵，长8~16厘米；花苞片卵状披针形，先端急尖或渐尖；花白色，较大；花瓣直立，线状披针形，长1.3~1.5厘米，先端急尖；蕊柱短；花药的药室叉开，下部延伸成长管；柱头2，隆起，向前伸。花期7~8月。

生境　海拔650~2200米的山坡、沟谷密林下阴湿处地上和岩石上覆土中。

分布　两岔河有分布。

用途　民间药用。

463. 裂瓣玉凤花 *Habenaria petelotii*

形态　植株高约35~60厘米。块茎长圆形，肉质，长3~4厘米，直径1~2厘米。茎粗壮，圆柱形，直立，中部集生5~6枚叶。叶片椭圆形或椭圆状披针形。花茎无毛；总状花序具3~12朵疏生的花，长4~12厘米；花苞片狭披针形，长达15毫米，宽3~4毫米，先端渐尖；花淡绿色或白色，中等大；花瓣从基部2深裂，裂片线形，叉开，边缘具缘毛；唇瓣基部之上3深裂，裂片线形，边缘具缘毛；柱头2，突起，长圆形，长2毫米。花期7~9月。

生境　海拔320~1600米的山坡和沟谷林下。

分布　云台山有分布。

用途　块茎入药，能补肾清肺，用于治疗肾虚腰痛、阳痿、小儿遗尿、疝气和肺热咳嗽等。

464. 毛葶玉凤花 *Habenaria ciliolaris*

形态　植株高25~60厘米。块茎肉质，长椭圆形或长圆形。茎粗，直立，圆柱形，近中部具5~6枚叶。叶片椭圆状披针形、倒卵状匙形或长椭圆形，先端渐尖或急尖，基部收狭抱茎。总状花序具6~15朵花，长9~23厘米；花苞片卵形，长13~15毫米，先端渐尖，边缘具缘毛，较子房短；花白色或绿白色，罕粉色，中等大；唇瓣较萼片长，基部3深裂，裂片极狭窄，丝状，并行，向上弯曲，中裂片长16~18毫米，下垂，基

部无胼胝体；侧裂片长20~22毫米；药柱头2，隆起，长圆形，长约1.5毫米。花期7~9月。

生境　海拔140~1800米的山坡或沟边林下阴湿处。

分布　两岔河附近有分布。

用途　块茎入药，有壮腰补肾、清热利水和解毒等药效，用于治疗肾虚腰痛、阳痿、热淋、毒蛇咬伤和疮疖肿毒。

465. 小白及　*Bletilla formosana*

形态　植株高15~50厘米。假鳞茎扁卵球形，较小，上面具荸荠似的环带，富粘性。茎纤细或较粗壮，具3~5枚叶。叶一般较狭，通常线状披针形、狭披针形至狭长圆形，长6~20（~40）厘米，宽5~10（20~45）毫米，先端渐尖，基部收狭成鞘并抱茎。总状花序具（1~）2~6朵花；花序轴或多或少呈"之"字状曲折；花苞片长圆状披针形，长1~1.3厘米，先端渐尖，开花时凋落；花较小，淡紫色或粉红色，罕白色；花瓣先端稍钝；唇瓣椭圆形，中部以上3裂；唇盘上具5条纵脊状褶片；蕊柱长12~13毫米，柱状，具狭翅，稍弓曲。花期4~5（~6）月。

生境　海拔600~3100米的常绿阔叶林、栎林、针叶林下，以及路边、沟谷草地或草坡及岩石缝中。

分布　云台山有分布。

用途　根茎入药，能收敛止血、消肿生肌，用于治疗咳血、吐血、外伤出血、疮疡肿毒和皮肤皲裂等。

466. 硬叶兜兰　*Paphiopedilum micranthum*

形态　地生或半附生植物。地下具细长而横走的根状茎，直径2~3毫米，具少数稍肉质而被毛的纤维根。叶基生，2列，4~5枚；叶片长圆形或舌状，坚革质，先端钝，上表面有深浅绿色相间的网格斑，背面有密集的紫斑点并具龙骨状突起，基部收狭成叶柄状并对折而彼此套叠。花葶直立，紫红色而有深色斑点，被长柔毛，顶端具1花；花苞片卵形或宽卵形，绿色而有紫色斑点，背面疏被长柔毛；花瓣宽卵形、宽椭圆形或近圆形，先端钝或浑圆，内表面基部具白色长柔毛，背面被短柔毛；唇瓣深囊状，卵状椭圆形至近球形；2枚能育雄蕊由于退化其边缘的内卷清晰可辨，甚为美观。花期3~5月。

生境　海拔1000~1700米的石灰岩山坡草丛中、石壁缝隙或积土处。

分布　两岔河有分布。

用途　全草入药，有清热透疹、清心安神等药效，用于治疗麻疹、肺炎和心烦失眠。

467. 云南石仙桃 *Pholidota yunnanensis*

形态 根状茎匍匐，分枝，密被箨状鞘，通常相距1~3厘米生假鳞茎；假鳞茎近圆柱状，向顶端略收狭，幼嫩时为箨状鞘所包，顶端生2叶。叶披针形，坚纸质，具折扇状脉，先端略钝，基部渐狭成短柄。花葶生于幼嫩假鳞茎顶端，连同幼叶从靠近老假鳞茎基部的根状茎上发出；总状花序具15~20朵花；花序轴有时在近基部处左右曲折；花苞片在花期逐渐脱落，卵状菱形；花白色或浅肉色；花瓣与中萼片相似，但不凹陷，背面无龙骨状突起；唇瓣轮廓为长圆状倒卵形，略长于萼片；蕊喙宽舌状。蒴果倒卵状椭圆形，长约1厘米，宽约6毫米，有3棱；果梗长2~4毫米。花期5月，果期9~10月。

生境 海拔1200~1700米的林中、山谷旁的树上或岩石上。

分布 两岔河有分布。

用途 假鳞茎入药，能祛风除湿、润肺止咳、镇痛生肌，还有养阴、清肺、利湿和消淤等功效。

468. 泽泻虾脊兰 *Calanthe alismaefolia*

形态 根状茎不明显，假鳞茎细圆柱形，长1~3厘米，粗3~5毫米，具3~6枚叶，无明显的假茎。叶在花期全部展开，椭圆形至卵状椭圆形，形似泽泻叶，通常长10~14厘米，最长可达20厘米，宽4~10厘米，先端急尖或锐尖；叶柄纤细，比叶片长或短。花葶1~2个，从叶腋抽出，直立，纤细，约与叶等长，密被短柔毛；总状花序长3~4厘米，具3~10朵花；花苞片宿存，草质，稍外弯，宽卵状披针形，先端渐尖或稍钝，边缘波状；花白色或有时带浅紫堇色；唇瓣基部与整个蕊柱翅合生，比萼片大，向前伸展，3深裂；蕊柱长约3毫米，上端稍扩大，无毛；蕊喙2裂，裂片近长圆形，长约1.2毫米，宽约0.5毫米，先端近截形；药帽在前端收狭，先端截形；花粉团卵球形，近等大，长约2毫米。花期6~7月。

生境 海拔800~1700米的常绿阔叶林下。

分布 云台山、两岔河等地有分布。

用途 全草入药，能活血止痛，用于治疗跌打损伤及腰痛。

469. 三褶虾脊兰 *Calanthe triplicata*

形态 根状茎不明显；假鳞茎卵状圆柱形，长1~3厘米，粗1~2厘米，具2~3枚鞘和3~4枚叶，假茎不明显。叶在花期全部展开，椭圆形或椭圆状披针形，先端急尖，基部收狭为柄，边缘常波状，两面无毛，或在背面疏被短毛；叶柄长达14厘米。总状花序长5~10厘米，密生数朵花；花苞片宿存，草质，向外伸展，卵状披针形，先端急尖，边缘多少波状，被毛或有时近无毛；花白色或偶见淡紫红色，后来转为桔黄色；花瓣倒卵状披针形，具3条脉，仅中脉较明显，近先端处偶有不等侧的缢缩，背面常被短毛；唇瓣基部与整个蕊柱翅合生，3深裂；侧裂片卵状椭圆形至倒卵状楔形；花粉团棒状，每一群中有2个较小，具明显的花粉团柄。花期4~5月。

生境 海拔1000~1200米的常绿阔叶林下。

分布 杉木河畔有分布。

用途 根入药，能舒筋活络、祛风止痛；全草入药，可清热利湿、固脱和消肿散结，用于治疗小便不利、淋症、脱肛、瘰疬和跌打损伤。

470. 剑叶虾脊兰 *Calanthe davidii*

形态 植株紧密聚生，无明显的假鳞茎和根状茎；假茎通常长4~10厘米，具数枚鞘和3~4枚叶。叶长可达20厘米，在花期全部展开，剑形或带状，先端急尖，基部收窄，具3条主脉，两面无毛；叶柄不明显。花序之下疏生数枚紧贴花序柄的筒状鞘；鞘膜质，长达10厘米，无毛；总状花序长8~20（30）厘米，密生许多小花；花苞片宿存，草质，反折，狭披针形，近等长于花梗和子房，长1~1.5厘米，基部宽1.5~2毫米，先端渐尖，背面被短毛；花黄绿色、白色或紫色；萼片和花瓣反折；唇瓣的轮廓为宽三角形，基部无爪；蕊柱粗短，长约3毫米，上端扩大，近无毛或被疏毛；花粉团近梨形或倒卵形，等大，具短的花粉团柄；粘盘小，颗粒状。蒴果卵球形，长约13毫米，粗7毫米。花期6~7月，果期9~10月。

生境 海拔500~3300米的山谷、溪边或林下。

分布 黑冲、杉木河等地有分布。

用途 根、假鳞茎入药，能清热解毒、散瘀止痛，用于治疗咽喉肿痛、牙痛、腰痛、关节痛、跌打损伤和毒蛇咬伤等。

471. 长唇羊耳蒜　*Liparis pauliana*

形态　地生草本。假鳞茎卵形或卵状长圆形，长1~2.5厘米，直径8~15毫米，外被多枚白色的薄膜鞘。叶通常2枚，极少为1枚（仅见于假鳞茎很小的情况下），卵形至椭圆形，膜质或草质，先端急尖或短渐尖；鞘状柄长0.5~4厘米，围抱花葶基部。花葶长7~28厘米，通常比叶长一倍以上；花序柄扁圆柱形，两侧有狭翅；总状花序通常疏生数朵花，或减退为1~2朵花；花苞片卵形或卵状披针形，长1.5~3毫米；花淡紫色，但萼片常为淡黄绿色；唇瓣倒卵状椭圆形；蕊柱长3.5~4.5毫米，向前弯曲，顶端具翅，基部扩大、肥厚。蒴果倒卵形，上部有6条翅，翅宽可达1.5毫米，向下翅渐狭并逐渐消失；果梗长1~1.2厘米。花期5月，果期10~11月。

生境　生于海拔600~1200米的林下阴湿处或岩石缝中。

分布　黑冲有分布。

用途　民间药用。

472. 足茎毛兰　*Eria coronaria*

形态　植物体无毛，干后全体变黑，具根状茎，根状茎上常有漏斗状革质鞘，假鳞茎密集或每隔1~2厘米着生，不膨大。叶2枚着生于假鳞茎顶端，一大一小，长椭圆形或倒卵状椭圆形，较少卵状披针形。花序1个，自两叶片间发出，长10~30厘米，具2~6朵花，上部常弯曲，基部具1枚鞘状物；花苞片通常披针形或线形，极少卵状披针形；花梗和子房长约1.5厘米；花白色，唇瓣上有紫色斑纹；唇盘上面具3条全缘或波浪状的褶片，自基部延伸到近中裂片顶部，并在中裂片分支出2~4条圆齿状或波浪状的褶片；蕊柱长约5毫米，蕊柱足长约5毫米；花粉团黄色。蒴果倒卵状圆柱形，长约2厘米；果柄长约3毫米。花期5~6月。

生境　海拔1300~2000米的林中树干上或岩石上。

分布　两岔河有分布。

用途　民间药用。

后　记

　　黔东南地区地质和气候类型丰富，自然生态保存完好，物种丰富度高。施秉地处黔东南苗岭山脉，具有世界唯一完整的白云岩喀斯特地貌，作为"中国南方喀斯特"世界自然遗产的重要补充，于2014年正式成为世界自然遗产地。回顾6年的申遗历程，离不开各界专家的共同努力。笔者作为施秉考察的成员，在施秉考察期间积累了大量的植物彩色图片。在整理过程中，负责植物的考察组成员萌生了要出版一本施秉彩色图集的想法。通过对比图片和标本，以及查阅工具书，加上国内一些植物专家学者的大力支持，经过将近两年的努力，书籍终于完成。这本图集包含了施秉地区常见的食用和药用植物，书中图片来自从2009年起对施秉地区进行考察时所拍的照片，其中植物的鉴定，主要依靠中国植物志。

　　值此书出版之际，作者向对本书给予大力支持的专家学者表示由衷的感谢，特别感谢中科院植物研究所的刘冰博士对植物进行鉴定，感谢李振基、向刚、唐明、刘映良提供本书的部分图片，李彦勋、商传禹、陈忠婷参与本书的编辑和校对工作。感谢陈满静、王丽、王维芳、赵露和陈后英对数据的搜集，感谢王英、黄艳、李国美和程雪在野外考察时的帮助。本项目得到以下资金支持：教育部长江学者和创新团队发展计划（IRT 1227），国家自然科学基金（批准号 31300317,31560184），贵州省重点实验室计划建设项目（黔科合 Z 字[2011]4005号），贵州省科技厅社会发展科技攻关项目（黔科合SY字[2013]3189号，黔科合SY字[2012]3171，黔科合SY字[2012]3180，黔科合SY字[2012]3181，黔科合SY字[2012]3186），贵州省自然科技基金（黔科合J字[2012]4005号）。

拉丁名索引

■ A

Abelia parvifolia 148
Acalypha brachystachya 082
Achyranthes bidentata 031
Actinidia callosa var. *discolor* 047
Actinidia callosa var. *henryi* 046
Actinidia chinensis 047
Actinidia fulvicoma var. *lanata* f. *lanata* 046
Actinidia kolomikta 048
Actinidia laevissima 047
Actinodaphne cupularis 038
Adenophora hunanensis 155
Ageratum conyzoides 162
Akebia trifoliata 044
Alangium chinense 114
Alangium chinense subsp. *pauciflorum* 115
Albizia julibrissin 078
Aletris spicata 174
Alisma orientale 170
Alpinia japonica 198
Althaea rosea 097
Amaranthus hybridus 031
Amaranthus tricolor 031
Amentotaxus argotaenia 005
Amorphophallus rivieri 189
Ampelopsis bodinieri 096
Anemone hupehensis 039
Anoectochilus elwesii 199
Anoectochilus moulmeinensis 199
Anoectochilus roxburghii 200
Aralia chinensis 117
Arctium lappa 165
Ardisia crenata 123
Ardisia faberi 122
Arisaema elephas 189
Arisaema erubescens 190
Arisaema heterophyllum 190
Arisaema hunanense 191
Aristolochia debilis 022
Aristolochia tuberosa 021
Aristolochia tubiflora 022
Asarum caudigerum 023
Asarum geophilum 022
Asarum splendens 023
Asarum wulingense 024
Aster subulatus 166
Asystasiella neesiana 139

■ B

Begonia cavaleriei 106
Begonia grandis subsp. *sinensis* 107
Begonia pedatifida 107
Berchemia floribunda 093
Berchemia kulingensis 094
Berchemia polyphylla 093
Bletilla formosana 205
Blumea balsamifera 160
Boehmeria clidemicides var. *diffusa* 012
Briggsia mihieri 143

Broussonetia papyifera ...015

■ C

Caesalpinia decapetal ...078
Calanthe alismaefolia ...206
Calanthe davidii ...207
Calanthe triplicata ...207
Calophanoides kouytchensis ...139
Calophanoides quadrifaria ...140
Campanula colorata ...154
Campanumoea lancifolia ...155
Camptotheca acuminata ...115
Campylotropis delavayi ...070
Canscora lucidissima ...131
Capsella bursa~pastoris ...054
Cardamine flexuosa ...054
Carex alliiformis ...193
Carex cryptostachys ...193
Carex lanceolata ...194
Cassia surattensis ...079
Castanea mollissima ...014
Catalpa ovata ...138
Celastrus orbiculatus ...091
Cephalotaxus sinensis ...004
Cerastium glomeratum ...035
Ceropegia mairei ...134
Ceropegla dollchophylla ...135
Chenopodium acuminatum ...030
Chenopodium album ...029
Chimonanthus praecox ...036
Chloranthus henryi ...006
Chrysanthemum coronarium ...167
Circaea mollis ...114
Cirsium fanjingshanense ...156
Cirsium japonicum ...156
Cirsium setosum ...157
Citrus ichangensis ...083
Clematis armandii ...041
Clematis chinensis ...041

Clematis lasiandra ...040
Clematis leschenaultiana ...040
Clematis meyeniana ...040
Clematoclethra lasioclada ...048
Cleome spinosa ...053
Coix lacryma~jobi ...183
Colocasia esculenta ...191
Commelina communis ...182
Conyza canadensis ...169
Corallodiscus cordatulus ...144
Cornus wilsoniana ...116
Corydalis esquirolii ...053
Crassocephalum crepidioides ...157
Cryptomeria fortunei ...001
Cryptotaenia japonica ...121
Cucubalus baccifer ...034
Cunninghamia lanceolata ...002
Cymbidium aloifolium ...203
Cynanchum auriculatum ...135
Cynanchum officinale ...135
Cynodon dactylon ...186
Cyperus difformis ...196
Cyperus iria ...196

■ D

Dahlia pinnata ...158
Daphne acutiloba ...101
Daucus carota ...121
Debregeasia orientalis ...011
Dendrobenthamia brevipedunculata ...115
Dendropanax dentiger ...118
Deutzia cinerascens ...060
Deutzia scabra ...058
Deutzia setchuenensis ...058
Dianthus chinensis ...034
Dioscorea bulbifera ...179
Dioscorea henryi ...180
Dioscorea opposita ...180
Diospyros kaki ...127

211

Dipsacus asperoides 153
Disporum brachystemon 177
Disporum cantoniense 178
Doellingeria scaber 162

■ E

Eclipta prostrata 163
Elaeagnus difficilis 103
Elaeagnus lanceolata 103
Elatostema parvum 011
Elatostema stewardii 012
Elatostema sublineare 011
Eleusine indica 184
Epilobium amurense subsp. *Cephalostigma* 112
Epilobium angustifolium 113
Epilobium hirsutum 113
Epimedium acuminatum 043
Epipactis mairei 200
Eria coronaria 208
Erigeron annuus 158
Euphorbia helioscopia 081
Euphorbia sikkimensis 081
Eurya nitida 049
Euscaphis japonica 092

■ F

Fagopyrum dibotrys 028
Fallopia multiflora 029
Festuca parvigluma 184
Ficus carica 016
Ficus erecta var. *beecheyana* f. *koshunensis* 016
Ficus heteromorpha 019
Ficus hirta 018
Ficus oligodon 016
Ficus racemosa var. *racemosa* 017
Ficus sarmentosa 019
Ficus stenophylla 020
Ficus tikoua 017
Ficus variolosa 018
Ficus virens var. *sublanceolata* 018

Fissistigma polyanthum 036

■ G

Gamblea ciliata var. *evodiifolia* 118
Gardneria multiflora 130
Gentiana lineolata 133
Gentiana parvula 133
Gentiana rhodantha 131
Gentiana rubicunda 132
Geranium nepalense 079
Ginkgo biloba 001
Girardinia diversifolia 009
Gnaphalium affine 166
Gnaphalium hypoleucum 165
Gonostegia hirta 010
Goodyera velutina 202
Gymnotheca chinensis 006
Gynura japonica 163

■ H

Habenaria ciliolaris 204
Habenaria fordii 204
Habenaria petelotii 204
Hedera nepalensis var. *sinensis* 119
Hedychium flavum 197
Helianthus annuus 168
Helwingia himalaica 117
Hemiboea gracilis var. *pilobracteata* 141
Hemiboea henryi 141
Hemiboea mollifolia 142
Hibiscus syriacus 097
Hosta plantaginea 174
Houttuynia cordata 006
Humulus japonicus 020
Hydrangea davidii 059
Hydrangea macrophylla 059
Hydrilla verticillata 171
Hydrocotyle sibthorpioides 120
Hylodesmum podocarpum 072
Hylodesmum podocarpum var.*oxyphyllum* 073

拉丁名索引

Hypericum elodeoides	049
Hypericum japonicum	051
Hypericum kouytchense	050
Hypericum monogynum	050
Hypericum sampsonii	051

I

Ilex ciliospinosa	090
Ilex fargesii	091
Illicium verum	035
Illigera parviflora	038
Impatiens arguta	090
Impatiens balsamina	089
Impatiens pritzelii	089
Indigofera amblyantha	076
Indigofera bungeana	077
Indigofera silvestrii	076
Inula cappa	169
Iris japonica	181
Itea ilicifolia	060

J

Jasminum sinense	130
Juglans regia	013
Juncus alatus	181
Juncus effusus	182
Juniperus chinensis	002
Juniperus formosana	002

K

Kalimeris indica	159
Kochia scoparia	030
Koelreuteria bipinnata	086
Kummerowia stipulacea	077
Kyllinga brevifolia	194
Kyllinga brevifolia var. leiolepis	195

L

Lablab purpureus	071
Lagerstroemia indica	108
Leontopodium sinense	159
Lespedeza cuneata	074
Lespedeza davidii	074
Lespedeza pilosa	075
Lespedeza virgata	075
Ligularia dentata	161
Ligularia hodgsonii	161
Ligustrum sinense	129
Ligustrum sinense var. coryanum	129
Lilium rosthornii	174
Lindera communis	037
Lindera glauca	037
Liparis pauliana	208
Liriodendron chinense	033
Liriope spicata	175
Lobelia colorata	154
Lonicera acuminata	149
Lonicera japonica	149
Lonicera ligustrina	149
Lonicera macranthoides	150
Lonicera nubium	150
Loranthus guizhouensis	021
Lycium chinense	098
Lycoris aurea	178
Lycoris radiata	179
lygonatum odoratum	176
Lysimachia capillipes	126
Lysimachia christiniae	124
Lysimachia congestiflora	125
Lysimachia paridiformis	124
Lysimachia paridiformis var. stenophylla	124
Lysimachia phyllocephala	125
Lysimachia rubiginosa	125
Lysimachia stenosepala	123
Lysionotus serratus	142
Lythrum salicaria	108

M

Macleaya cordata	052
Maesa japonica	122
Mallotus repandus	082

213

Malva sinensis 098
Manihot esculenta 081
Mariscus umbellatus 195
Medicago lupulina 071
Michelia figo 033
Millettia nitida 075
Mirabilis jalapa 032
Musa basjoo 197

■ N
Nanocnide japonica 008
Nanocnide lobata 008
Nasturtium officinale 054
Neillia thyrsiflora var. tunkinensis 070
Neolitsea levinei 037
Nicandra physalodes 099

■ O
Oenanthe javanica 120
Ophiorrhiza cantoniensis 138
Oreocharis maximowiczii 143
Oryza sativa 186
Osmanthus matsumuranus 128
Ottelia sinensis 171
Oxalis acetosella 080

■ P
Paederia pertomentosa 136
Paeonia lactiflora 046
Paphiopedilum micranthum 205
Paraboea rufescens 144
Paraboea sinensis 145
Paris fargesii 175
Paris polyphylla 176
Parnassia petimenginii 062
Parnassia wightiana 062
Parthenocissus henryana 096
Patrinia monandra 147
Patrinia scabiosaefolia 148
Penthorum chinense 060
Periploca calophylla 136

Peristrophe japonica 140
Phaenosperma globosa 187
Phaius flavus 201
Pholidota yunnanensis 206
Physalis alkekengi var. franchetii 099
Physalis minima 099
Phytolacca acinosa 032
Picris hieracioides 164
Pilea cadierei 008
Pilea peploides 007
Pilea plataniflora 010
Piper puberulum 045
Piper wallichii 045
Pittosporum omeiense 063
Pittosporum ovoideum 064
Pittosporum truncatum 063
Plantago asiatica 146
Platanthera chlorantha 201
Platycarya longipes 014
Platycodon grandiflorus 154
Pleione bulbocodioides 200
Poa acroleuca 185
Poa annua 185
Podocarpus macrophyllus 003
Podocarpus neriifolius 003
Pollia japonica 182
Polygala tatarinowii 085
Polygala wattersii 086
Polygonatum cyrtonema 176
Polygonum aviculare 024
Polygonum chinense 026
Polygonum Cuspidatum 029
Polygonum hydropiper 025
Polygonum japonicum 027
Polygonum lapathifolium 026
Polygonum nepalense 025
Polygonum orientale 027
Polygonum perfoliatum 027

Primula saxatilis	126
Primula sertulum	126
Pseudostellaria heterophylla	034
Pueraria lobata	072
Punica granatum	109
Pycreus sanguinolentus	195
Pyrola calliantha	121

R

Ranunculus cantoniensis	042
Ranunculus ficariifolius	042
Ranunculus japonicus	043
Ranunculus ternatus	042
Reineckia carnea	178
Remusatia hookeriana	191
Rhabdothamnopsis sinensis	145
Rhamnus crenata	093
Rhamnus leptophylla	092
Rhododendron simsii	122
Rhus chinensis	052
Rhynchosia volubilis	076
Rhynchospermum verticillatum	164
Ribes tenue	063
Rorippa dubia	055
Rorippa indica	055
Rosa chinensis	066
Rosa cymosa	065
Rosa lasiosepala	066
Rosa multiflora var. cathayensis	065
Rosa roxburghii	064
Rosa rubus	066
Rostellularia procumbens	140
Rubia membranacea	024
Rubia schumanniana	137
Rubus amphidasys	069
Rubus corchorifolius	067
Rubus inopertus	068
Rubus parkeri	068
Rubus swinhoei	067

Rubus tephrodes	069
Rubus xanthoneurus	068
Rumex acetosa	028
Rumex japonicus	028

S

Sabia emarginata	088
Sabia schumanniana	088
Sageretia rugosa	094
Sagittaria trifolia	170
Salix wilsonii	013
Sambucus williamsii	151
Sapindus delavayi	087
Sarcandra glabra	007
Sarcopyramis bodinieri	112
Sargentodoxa cuneatatum	043
Saxifraga stolonifera	061
Schefflera bodinieri	117
Sechium edule	111
Sedum amplibracteatum	056
Sedum bulbiferum	056
Sedum emarginatum	056
Sedum sarmentosum	057
Sedum stellariifolium	057
Setaria palmifolia	188
Siegesbeckia orientalis	168
Siegesbeckia pubescens	167
Smilax arisanensis	172
Smilax lanceifolia	172
Smilax scobinicaulis	173
Smilax stans	173
Smilax vanchingshanensis	173
Solanum lyratum	100
Solanum melongena	100
Solanum nigrum	100
Solanum photeinocarpum	101
Solena amplexicaulis	111
Sorghum bicolor	185
Spiranthes sinensis	203

Streptolirion volubile	183
Styrax roseus	128
Swertia nervosa	134

T

Taxus chinensis	004
Taxus chinensis var. *mairei*	005
Tetradium rutaecarpa	084
Tetrastigma obtectum var. *Glabrum*	097
Tetrastigma planicaule	095
Thalictrum ichangense	039
Thalictrum javanicum	039
Thladiantha dentata	110
Thladiantha nudiflora	110
Tiarella polyphylla	061
Tirpitzia sinensis	080
Toddalia asiatica	083
Toricellia angulata var. *intermedia*	116
Torilis scabra	119
Trachycarpus fortunei	188
Trichosanthes rosthornii	109
Trifolium repens	071
Tylophora floribunda	136
Typha angustifolia	192

U

Ulmus pumila	015
Uncaria rhynchophylla	137
Urophysa henryi	041
Urtica fissa	009
Utricularia bifida	146

V

Veratrum nigrum	177
Vexillabium yakushimense	202
Viburnum corymbiflorum	151
Viburnum oliganthum	152
Viburnum rhytidophyllum	152
Viburnum ternatum	153
Vigna minima	073
Vigna vexillata	073
Viola acuminata	104
Viola davidii	105
Viola diffusa	105
Viola hossei	104
Viola inconspicua	106
Vitis davidii	095

W

Wikstroemia angustifolia	102
Wikstroemia capitata	102
Wikstroemia stenophylla	102

X

Xanthium sibiricum	160
Xylosma controversum	104

Z

Zanthoxylum avicennae	085
Zanthoxylum dissitum	084
Zanthoxylum simulans	085
Zea mays	187
Zephyranthes grandiflora	179
Zingiber mioga	198

中文名索引

A
矮冷水花	007
艾纳香	160
凹萼清风藤	088
凹叶景天	056

B
八角	035
八角枫	114
巴东胡颓子	103
芭蕉	197
白车轴草	071
白顶早熟禾	185
白接骨	139
白毛鸡矢藤	136
白英	100
百日青	003
败酱	148
半蒴苣苔	141
背蛇生	021
萹蓄	024
扁担藤	095
扁豆	071
变叶榕	018
博落回	052
薄叶鼠李	092

C
蚕茧草	027
苍耳	160
草珊瑚	007
昌感秋海棠	106
长柄爬藤榕	019
长柄山蚂蝗	072
长唇羊耳蒜	208
长萼鸡眼草	077
长萼堇菜	106
长冠苣苔	145
长毛籽远志	086
长叶吊灯花	135
长叶冻绿	093
长叶轮钟草	155
常春藤	119
车前	146
扯根菜	060
齿叶赤爬	110
齿叶吊石苣苔	142
齿叶橐吾	161
翅茎灯心草	181
川滇无患子	087
川续断	153
穿心草	131
垂盆草	057
刺柏	002
刺儿菜	157
刺葡萄	095
刺序木蓝	076
葱状薹草	193
楤木	117
粗榧	004

217

粗毛淫羊藿	043
粗叶榕	018

D

打破碗花花	039
大苞景天	056
大花石上莲	143
大丽花	158
大披针薹草	194
大蝎子草	009
大血藤	043
大叶胡枝子	074
大叶火烧兰	200
大叶茜草	137
大叶新木姜子	037
单瓣缫丝花	064
淡红忍冬	149
稻	186
灯心草	182
地耳草	051
地肤	030
地果	017
地花细辛	022
东方泽泻	170
东风菜	162
冬青叶鼠刺	060
豆瓣菜	054
独蒜兰	200
杜根藤	140
杜茎山	122
杜鹃	122
杜若	182
短梗菝葜	173
短梗四照花	115
短蕊万寿竹	177
短序鹅掌柴	117
短叶水蜈蚣	194
盾叶唐松草	039
多花勾儿茶	093

多花黄精	176
多花木蓝	076
多毛小蜡	129
多叶勾儿茶	093

E

峨眉海桐	063
鹅掌楸	033
二叶舌唇兰	201

F

繁缕景天	057
梵净蓟	156
梵净山菝葜	173
飞龙掌血	083
粉花安息香	128
粉条儿菜	174
粉团蔷薇	065
凤仙花	089
佛手瓜	111
复羽叶栾树	086

G

杠板归	027
高粱	185
高山薯蓣	180
革叶粗筒苣苔	143
葛	072
钩藤	137
狗筋蔓	034
狗牙根	186
狗枣猕猴桃	048
枸杞	098
构树	015
牯岭勾儿茶	094
挂金灯	099
管花马兜铃	022
光滑柳叶菜	112
光皮梾木	116
光叶堇菜	104
广州蛇根草	138

218

中文名索引

贵阳梅花草	062
贵州金丝桃	050
贵州赛爵床	139
贵州桑寄生	021
贵州水车前	171
过路黄	124

H

孩儿参	034
含笑	033
薄菜	055
合欢	078
何首乌	029
河北木蓝	077
黑风藤	036
黑藻	171
红豆杉	004
红果黄肉楠	038
红花龙胆	131
红花悬钩子	068
红蓼	027
红鳞扁莎	195
忽地笑	178
胡桃	013
湖北凤仙花	089
蝴蝶花	181
虎耳草	061
虎杖	029
花点草	008
花叶地锦	096
花叶冷水花	008
华火绒草	159
华素馨	130
滑叶猕猴桃	047
黄苞大戟	081
黄独	179
黄葛树	018
黄花鹤顶兰	201
黄槐决明	079

黄姜花	197
黄脉莓	068
黄水枝	061
灰白毛莓	069
灰叶溲疏	060
灰毡毛忍冬	150
火炭母	026
藿香蓟	162

J

鸡腿堇菜	104
鸡眼梅花草	062
吉祥草	178
蓟	156
假酸浆	099
尖瓣瑞香	101
尖头叶藜	030
尖叶菝葜	172
尖叶长柄山蚂蟥	073
剑叶虾脊兰	207
江南紫金牛	122
接骨草	151
截叶铁扫帚	074
金荞麦	028
金雀马尾参	134
金丝桃	050
金线草	024
金线兰	200
锦葵	098
京梨猕猴桃	046
九头狮子草	140
韭莲	179
桔梗	154
菊三七	163
聚果榕	017
聚花过路黄	125
爵床	140

K

| 宽叶金粟兰 | 006 |

L

蜡梅	036
蓝果蛇葡萄	096
簕欓花椒	085
藜	029
藜芦	177
鳢肠	163
栗	014
亮叶崖豆藤	075
裂瓣玉凤花	204
裂苞铁苋菜	082
柳兰	113
柳杉	001
柳叶菜	113
龙葵	100
庐山楼梯草	012
鹿藿	076
鹿蹄草	121
鹿蹄橐吾	161
绿穗苋	031
荩草	020
卵果海桐	064
罗汉松	003
裸蒴	006
落地梅	124

M

马兜铃	022
马甲菝葜	172
马兰	159
蔓茎堇菜	105
猫爪草	042
毛苞半蒴苣苔	141
毛萼蔷薇	066
毛茛	043
毛果绣线梅	070
毛花点草	008
毛蒟	045

毛连菜	164
毛蕊铁线莲	040
毛葶玉凤花	204
毛柱铁线莲	040
茅瓜	111
绵毛猕猴桃	046
磨芋	189
木槿	097
木莓	067
木薯	081

N

南赤飑	110
南川百合	174
南方红豆杉	005
南方露珠草	114
南岭柞木	104
南蛇藤	091
尼泊尔老鹳草	079
尼泊尔蓼	025
牛蒡	165
牛筋草	184
牛皮消	135
牛矢果	128
牛膝	031
女贞叶忍冬	149
糯米团	010
砖子苗	195
蓬莱葛	130
披针叶胡颓子	103
苹果榕	016

Q

七层楼	136
七叶一枝花	176
旗唇兰	202
荠	054
千屈菜	108
鞘柄菝葜	173

茄	100
窃衣	119
青城细辛	023
青篱柴	080
青蛇藤	136
秋分草	164
秋鼠麴草	165
球序卷耳	035
球药隔重楼	175

■ R

蘘荷	198
忍冬	149
绒叶斑叶兰	202
柔毛半蒴苣苔	142
肉穗草	112
锐齿凤仙花	090

■ S

三叶荚蒾	153
三叶木通	044
三褶虾脊兰	207
伞房荚蒾	151
山酢浆草	080
山胡椒	037
山姜	198
山麦冬	175
山莓	067
杉木	002
珊瑚苣苔	144
商陆	032
芍药	046
少花荚蒾	152
少花龙葵	101
少蕊败酱	147
深红龙胆	132
深圆齿堇菜	105
石筋草	010
石榴	109
石南藤	045

石蒜	179
石岩枫	082
石竹	034
柿	127
蜀葵	097
鼠麴草	166
薯蓣	180
树参	118
水蓼	025
水麻	011
水芹	120
水烛	192
绶草	203
四川清风藤	088
四川溲疏	058
四数龙胆	133
溲疏	058
酸模	028
酸模叶蓼	026
碎米莎草	196
穗花杉	005

■ T

藤山柳	048
天胡荽	120
天蓝苜蓿	071
天南星	190
条叶楼梯草	011
铁马鞭	075
挺茎遍地金	049
茼蒿	167
头序荛花	102

■ W

挖耳草	146
弯曲碎米荠	054
万寿竹	178
威灵仙	041
尾花细辛	023
尾囊草	041

名称	页码	名称	页码
纹瓣兰	203	象南星	189
乌泡子	068	小白及	205
无瓣蔊菜	055	小扁豆	085
无刺鳞水蜈蚣	195	小果蔷薇	065
无花果	016	小花青藤	038
无毛崖爬藤	097	小蜡	129
吴茱萸	084	小龙胆	133
吴茱萸五加	118	小木通	041
五岭细辛	024	小蓬草	169
■ X		小伞报春	126
西南齿唇兰	199	小酸浆	099
西南风铃草	154	小叶六道木	148
西南杭子梢	070	小叶楼梯草	011
西南毛茛	042	小颖羊茅	184
西南绣球	059	杏叶沙参	155
西域青荚叶	117	绣球	059
稀花八角枫	115	锈毛铁线莲	040
豨莶	168	锈色蛛毛苣苔	144
喜树	115	序叶苎麻	012
细齿叶柃	049	悬钩子蔷薇	066
细梗胡枝子	075	荨麻	009
细梗香草	126	■ Y	
细枝茶藨子	063	鸭儿芹	121
狭叶冬青	091	鸭跖草	182
狭叶落地梅	124	崖花子	063
狭叶山梗菜	154	岩杉树	102
狭叶天仙果	016	岩生报春	126
纤齿构骨	090	盐肤木	052
显苞过路黄	125	砚壳花椒	084
显脉獐牙菜	134	艳丽齿唇兰	199
显子草	187	羊耳菊	169
苋	031	羊蹄	028
线瓣玉凤花	204	野慈姑	170
腺梗豨莶	167	野胡萝卜	121
腺药珍珠菜	123	野花椒	085
香叶树	037	野豇豆	073
湘南星	191	野茼蒿	157
向日葵	168	野鸦椿	092

中文名索引

叶头过路黄	125
一把伞南星	190
一年蓬	158
宜昌橙	083
异色猕猴桃	047
异型莎草	196
异叶榕	019
薏苡	183
银杏	001
隐穗薹草	193
硬叶兜兰	205
有齿鞘柄木	116
鱼腥草	006
禹毛茛	042
榆树	015
玉蜀黍	187
玉簪	174
玉竹	176
芋	191
元宝草	051
圆柏	002
圆果化香树	014
月季花	066
云南石仙桃	206
云实	078
云雾忍冬	150

Z

早花岩芋	191
早熟禾	185
泽漆	081
泽泻虾脊兰	206
贼小豆	073
窄叶荛花	102
掌裂叶秋海棠	107
中华栝楼	109
中华猕猴桃	047
中华秋海棠	107
周毛悬钩子	069
皱叶荚蒾	152
皱叶雀梅藤	094
朱砂藤	135
珠芽景天	056
硃砂根	123
蛛毛苣苔	145
竹叶榕	020
竹叶子	183
爪哇唐松草	039
籽纹紫堇	053
梓	138
紫柳	013
紫茉莉	032
紫薇	108
棕榈	188
棕叶狗尾草	188
足茎毛兰	208
钻叶紫菀	166
醉蝶花	053

223